INTRODUCTION TO COSMETOLOGY
미용학개론

NTRODUC
TO COSMET

미용학개론

여상미 지음

(주)교문사

머리말 PREFACE

시대가 변해도 여성들의 아름다움에 대한 관심은 계속되고 있으며, 현대사회에서는 남녀노소를 불문하고 미에 대한 관심이 더욱 크게 늘어나고 있는 추세이다. 미용은 미를 다루는 분야 중의 하나이자 현대사회에서 중요한 분야로 자리를 잡아가고 있으며, 미용학은 헤어 미용, 에스테틱 미용, 메이크업 미용, 네일 미용, 그리고 뷰티코디네이션 등까지를 포함한다. 미용을 전공하는 학생들이 미용에 대한 전반적인 기초 지식을 습득하는 것은 전문성을 키우는 데 도움이 되리라고 생각한다.

따라서 이 책은 미용학을 공부하는 학생들이 꼭 알아야 할 공통 분야와 전공 분야로 나누어 구성하였으며 각 장마다 각 분야의 기본적인 이론과 실제에 대해 설명하였다.

공통 분야의 1장에서는 미용학의 개요에 대해 설명하였고, 2장에서는 미용인이 갖춰야 할 기본 자질에 대해 소개하였으며, 3장에서는 피부과학, 4장 색채학, 5장 화장품학, 6장 해부생리학, 7장은 공중보건학, 8장은 소독 및 감염법과 위생법규를 자세히 다루었다. 그리고 9장은 미용경영 등의 기본적인 개념에 대한 설명을 하였다. 전공 분야에서는 10장 헤어 미용, 11장 피부 미용, 12장 메이크업 미용, 13장 네일 미용, 그리고 14장 뷰티코디네이션 등에서 기본적으로 알아야 할 개념과 실제 분야에 대해 자세히 설명하였다.

이 책은 미래의 미용 산업을 이끌어갈 인재이자 뷰티아티스트가 되고 싶은 학생들에게 도움을 주려고 기획하였으며 미용의 전반적인 개념을 전공자들이 이해하기 쉽도록 그림을 삽입하였다.

끝으로 그림 작업을 도와준 이경림 박사와 출판에 힘써주신 교문사 관계자분들께 감사드린다.

2013년 12월

저자 여상미

차례 CONTENTS

PART 1
미용학 공통 분야

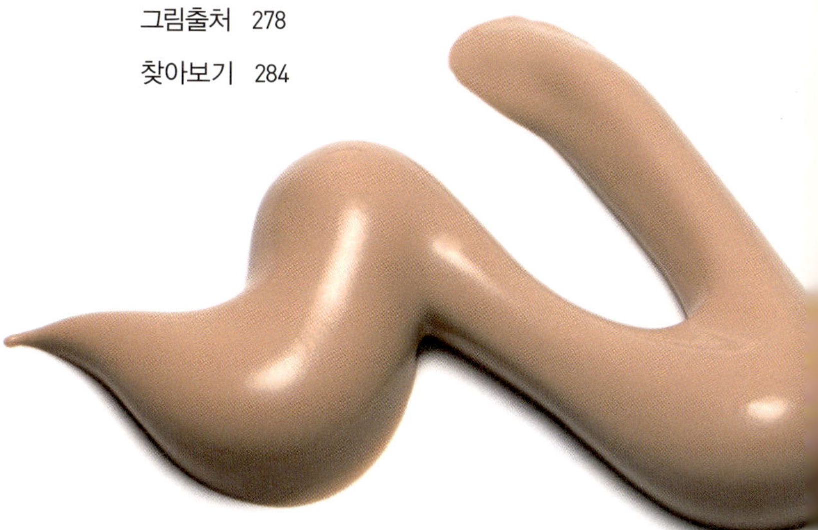

PART 1

INTRODUCTION TO COSMETOLOGY

미용학 공통 분야

미용학 공통 분야는 전공 이외에 학습해야 할 분야로 미용인의 자질, 색채학, 피부과학, 화장품학, 해부생리학, 공중위생학, 그리고 미용경영 등이 포함된다. 따라서 모든 공통과목에 대한 전반적인 이론을 살펴보고 이를 전공 분야에 접목시키는 데 도움을 주고자 한다.

CHAPTER 1

Introduction to Cosmetology

미용학

미용의 기본 개념

미용美容은 한자로 아름다울 미美 자와 얼굴 용美 자를 쓰며, 영어로 'beauty culture'라고 하고 흔히 뷰티라고 한다. 미용이란 공중위생법 제2조에 '손님의 얼굴, 머리, 피부 등에 손질을 하여 손님의 외모를 아름답게 꾸미는 것'이라고 정의하고 있으며, 미용기술은 일반적으로 미용인이 습득한 솜씨 또는 재주를 가리킨다.

즉 미용이란 여러 가지 방법으로 신체에 물리적·화학적 기교를 행하여 외모를 아름답게 가꾸거나 개선하는 것으로 헤어 연출, 피부 관리, 메이크업, 네일, 그리고 이러한 것을 의상과 함께 조화시키는 뷰티코디네이션 등을 들 수 있다.

헤어 미용에는 머리 형태를 아름답게 개선시키기 위해 커트, 파마, 드라이, 컬러링, 그리고 모발관리 등이 있다. 또한 가발을 써서 대머리를 커버하거나, 숱이 적어 고민하는 사람들에게 증모방법으로 숱을 많게 하고 짧은 머리를 길게 연결하기도 한다.

피부 미용은 얼굴, 등, 보디, 그리고 발 관리 등을 통해 건강하고 아름답게 피부를 가꾸고, 체형을 교정하여 아름다운 몸매로 만들며 마사지를 통해 건강을 증진시킨다.

메이크업 미용에는 개성적이고 세련된 아름다움을 얼굴에 나타내기 위해 색조를 이용하여 관리를 하거나 보다 매력적으로 보이기 위한 수정메이크업과 성형메이크업이 있으며, 그 외 웨딩메이크업, 영상메이크업, 그리고 분장 등이 있다.

네일 미용은 손발 끝의 아름다움을 나타내기 위해, 그리고 미의 완성을 위해 손톱, 발톱 및 손발 등에 케어, 컬러링, 마사지, 팩, 왁싱, 그리고 아트 등을 한다.

뷰티코디네이션은 체형에 맞는 의상코디와 더불어 헤어, 피부색, 메이크업, 그리고 네일 등이 전체적으로 조화를 이루도록 연출하는 것이다.

미용업의 정의

공중위생관리법에는 미용업에 대한 정의가 있는데, 이 법의 목적은 공중이 이용하는 영업과 시설의 위생관리 등에 관한 사항을 규정하여 위생수준을 향상시켜 국민의 건강증진에 기여하는 것이다.

공중위생관리법 법령 제2조 제5호에 의하면, '미용업'은 손님의 얼굴·머리·피부 등을 손질하여 손님의 외모를 아름답게 꾸미는 영업을 말한다. 또한 공중위생관리법 시행령이 2012년 1월 일부 개정에 따라 미용업이 다음과 같이 세분되었다.

제4조(숙박업 및 미용업의 세분)법 제2조제2항에 따라 숙박업 및 미용업을 다음과 같이 세분한다.

가. 미용업(일반): 파마·머리카락 자르기·머리카락 모양내기·머리피부손질·머리카락염색·머리감기, 손톱과 발톱의 손질 및 화장, 의료기기나 의약품을 사용하지 아니하는 눈썹손질, 얼굴의 손질 및 화장을 행하는 영업

나. 미용업(피부): 의료기기나 의약품을 사용하지 아니하는 피부상태분석·피부 관리·제모(除毛)·눈썹손질을 행하는 영업

다. 미용업(종합): 제1호 및 제2호의 업무를 모두 행하는 영업

미용의 역사

서양의 미용 역사

고대

인류의 미의식에 대한 표현은 BC 5세기경 고대 이집트에서 시작된 것으로 추정할 수 있으며 이집트인은 종교적 의식을 하거나 직사광선을 피하기 위해서 남녀를 막론하고 머리를 짧게 깎은 후 가발을 사용하였다. 그리고 덥고 건조한 기후로 인해 자연재료를 이용하여 자외선에 노출된 피부를 보호하였고 진정시켜 주기도 하였다. 또한 청결을 중시하여 목욕을 자주 하였고 자신들만의 목욕법을 만들어 건강하고 아름다운 피부를 가꾸었다. 피부 관리 방법 중 클레오파트라가 했던 나귀 목욕법이나 어린이의 오줌 목욕법은 오늘날까지 알려져 있다.

이집트의 특정 계층 귀부인들은 장식과 화려함에 비중을 둔 화장을 즐겨 하였으며, 특히 눈화장을 진하게 하였다. 또한 미라에 사용했던 향유 이외에도 머리 염색 제품, 파마 제품, 그리고 헤어 오일 제품 등이 있고 목욕용품도 일찍부터 쓰였으며, 이러한 제품들은 지중해의 여러 나라와 그리스에 그대로 전해졌다.

네일은 상류층으로부터 시작되었고 손톱의 색깔이 사회적인 지위를 나타내는 중요한 기준 중의 하나였으며 왕족은 짙은 색, 낮은 계층의 사람들은 옅은 색만을 사용하였다.

그리스인은 금발을 아름답게 여겼으며 자연스러움 자체를 아름다움으로 생각하였다. 의상이 단순하므로 머리치장에 관심을 많이 가져 머리를 자주 감아 깨끗이 하거나 컬을 만들고 황금색으로 착색을 하기도 했다. 남성의 머리 형태는 컬을 이마로 내리거나 앞머리의 컬을 뒤로 자연스럽게 넘기거나 앞머리를 짧게 단발하는 등 여러 가지 형태였다. 여성의 머리 형태는 일반적으로 길게 풀어 내리거나 간단하게 묶는 형태가 유행하였다. 이와 같은 그리스인의 머리 형태는 자연스러움과 우아함을 지닌 근대적인 스타일로 후세인의 머리 형태에 영향을 주었다.

1 2 3

1
이집트 투탕카멘왕의 화려한 눈화장

2
그리스시대의 아프로디테 조각상

3
로마 여성의 모습

그리스인은 식이요법, 운동, 그리고 마사지 등을 통해 건강한 신체를 가꾸고자 하였으며, 히포크라테스는 건강한 신체의 아름다움을 위해 마사지, 일광욕, 미용식, 그리고 특수목욕 등을 권장하여 다양한 목욕법이 개발되었다.

그리스 여성은 나라에 등록된 창부만이 짙은 화장을 했을 뿐 일반 여성이 화장을 했다는 기록은 거의 없으며, 여성들은 흰 피부를 선호하여 눈화장보다는 흰 피부를 강조하기 위해 얼굴에 흰 납분을 사용하였다. 그리스 상류 계층의 부인들은 전신을 아름답게 치장하기 위해 노력을 하였고 손톱 손질에도 관심을 가져 형태를 정리하고 색을 칠하였다.

로마시대에는 그리스 문화를 그대로 받아들여 모방하였으므로 변화가 크게 없었으나 로마인은 미에 대한 관심이 아주 많아 미의 특성은 권력과 권위를 보여주는 것이라고 생각하였다. 남성들은 곱실거리는 짧은 머리를 선호하였고 수염을 기르는 것이 유행하였다. 여성의 머리는 복잡한 형태로 앞머리는 작은 컬을 높게 하고 뒷머리는 땋아 늘어뜨렸으며 리본, 장신구, 그리고 보석 등으로 치장하였다. 그리고 오일과 향수, 화장품이 생활의 필수가 되었고, 남녀의 구분 없이 아름다운 피부와 몸매를 가꾸었으며 얼굴과 목, 어깨, 팔 등에 백납분을 칠하였다.

피부를 가꾸기 위해 그리스의 목욕문화를 이어받아 스팀목욕법과 한증목욕법을 개발하여 체계적이고 전문적인 목욕문화를 확립하였다. 그 당시에는 공중목욕탕이 번성하였고 남탕과 여탕의 구분이 있었으며 대형 목욕탕이 1,800여 개에 달했다. 로마 시민들은 주 사교장인 공중목욕탕에서 민주적이고 자유로운 정치 활동을 하였다. 또한 흰 피부를 유지하기 위해 마사지를 하였고 아름다운 몸매를 유지하기 위한 전신체조를 하였다.

로마인은 손톱과 발톱을 예쁘게 자르고 섬세하게 윤을 낸 후 분홍색으로 칠했고, 남성들은 전쟁터에 나가기 전에는 손톱에 물감을 주입시켰으며 손톱 뿌리 안쪽 부분에 문신바늘로 색을 입히기도 했다.

중세

중세시대 남성의 머리 형태는 짧은 길이, 중간 길이, 그리고 어깨까지 긴 머리 등으로 이루어졌으며 색상은 노란색이나 붉은색을 좋아하였다. 여성의 머리 형태는 자연스럽게 내려뜨리거나 땋았고 금실과 비단실로 만든 헤어 네트로 술을 달아 장식하였다.

4
중세시대 여성의 모습

15세기의 머리 형태는 화려하지 않고 기이하게 변형되었는데, 머리카락을 위로 깨끗이 올려 머리 장식 안으로 넣거나 위로 높이 빗어 넓은 머리띠로 단단하게 고정시켰다.

중세에 들어서면서 교회의 지배력이 강해지고 기독교 금욕주의의 영향으로 인해 여성들이 신체를 가꾸고 화장하는 행위를 엄격히 제한하고 금지하였다. 목욕마저도 제한하여 몸에서 악취가 나자 향수를 사용하기 시작하였다. 가발 사용과 화장은 신이 주신 인간의 얼굴을 가면을 쓴 것처럼 감추게 하므로 신성 모독과 나쁜 행동으로 받아들여져 금기시되어 미용의 침체기를 맞이하였다. 그러나 패션에서는 비잔틴제국의 영향을 받아 꾸밈이 과도해지고 중세시대 말기에는 화장이 다시 시작되어 동양풍의 정열적인 붉은 화장이 유행하고 손톱을 빨갛게 칠하는 것이 인기를 끌었다. 중세 아랍국가의 목욕탕에서는 손톱과 발톱을 담당하는 전문 직업이 있을 정도로 사람들에게 인기를 끌었다.

근세

이탈리아를 중심으로 번성하기 시작한 르네상스의 영향에 의해 서유럽이 근대화할 수 있었으며 중세의 기독교적 사고에서 해방되어 여성의 아름다움에 대한 인식이 높아졌다.

르네상스시대에는 건강한 것을 아름답게 여기고 인간의 몸을 스스로 아름답게 꾸미기 시작했으며 육체의 미를 찬양하게 되었다. 따라서 귀족과 부유층들은 남녀를 불문하고 화려하고 과장된 의복과 화장을 즐겼다.

머리 형태를 보면 여성은 중세시대 말기의 머리 전체를 덮었던 장식이 없어졌고 아름다움을 보여주기 위해 좋아하는 색으로 염색을 하였으며 머리분을 사용하여 향이 나고 반짝거리게 했다. 엘리자베스 1세 여왕은 유행의 선도주자로 주목을 끌었는데, 얼굴은 백연으로 하얗게 화장을 하였고 대부분의 눈썹을 뽑았다. 이 스타일은 영국 귀족여성들 사이에서 유행하였으며 여왕이 했던 '창백한 얼굴 화장'이 새로운 화장법으로 인기를 끌었다. 또한 여왕은 붉은 머리카락을 가졌는데, 여러 가지 색의 가발을 사용하기도 하였으며 당시 80개의 가발을 가지고 있었다.

르네상스시대 이후 손을 아름답게 가꾸는 여러 가지 비법들이 소개되었고, 프랑스의 베르사유궁전에서는 노크하는 것은 예의에 어긋나는 행동이었으며 한쪽 손만 손톱을 길게 길러 문을 긁도록 하였다.

17세기 인도의 여성들 또한 매트릭스nail matrix에 문신바늘로 색소를 주입하여 상류층임을 과시했다.

루이 13세 시대에는 프랑스 상류사회나 궁정의 풍속 가운데 하나로 가발이 등장했는데 이는 왕이 처음 쓰기 시작하여 모든 궁정인이 착용하게 되었으며, 이 때문에 프랑스 궁정에는 가발을 만드는 사람이 200명이나 고용되었다. 루이

5 6
7 8

5
영국 엘리자베스 1세 여왕

6
바로크시대

7
프랑스 퐁파두르부인

8
로코코시대

14세 때는 퐁탕주fontange라는 머리 형태가 등장했는데, 이것은 흰색 린넨 또는 레이스에 풀을 빳빳이 먹여서 잔주름을 잡아 2층 또는 3층 탑같이 60㎝쯤 높이 올려 보석을 박은 핀을 꽂은 스타일로 앞에서 보면 마치 부채를 편 것처럼 보였다.

상류 사회의 여성들은 화려한 의상과 함께 진한 화장을 하여 납으로 만든 인형처럼 보였으며 남성들도 외모에 많은 신경을 써 여성적인 화장으로 치장하였다. 남녀 모두 자신만의 은밀한 메시지를 전달하기 위해 얼굴 위에 뷰티패치라는 장식을 하였다. 패치를 붙이는 것은 흰 피부를 강조하고 이성의 관심을 끌기 위해 얼굴을 아름답게 꾸미는 목적이 있지만 본래는 얼굴의 상처나 여드름을 감추는 것에서 시작되었다.

로코코시대에는 화려함의 극치를 이루었는데, 머리 형태의 경우 바로크시대와 마찬가지로 가발을 사용하였다. 여성의 머리 형태는 점점 높아지고 거대해져서 자연풍경이나 연극 장면을 표현하고 예술적이며 환상적으로 보이게 했다. 즉 머리에 정원, 과일바구니, 새, 마차, 야채바구니, 그리고 배 등 다양한 모양을 크게 표현하였다. 이러한 머리장식은 여러 날에 걸쳐 완성되었고 이 상태를 오랫동안 유지하기 위해 잠도 앉아서 잘 정도였으며 각종 벌레와 악취가 풍겨 향수를 사용하게 되었다. 모발의 색상을 유지시켜 주는 제품과 모발을 촉촉하고 부드럽게 만드는 관리법이 유행하였다. 화장품의 제조는 더욱 활발해졌으며 화려하고 무분별한 화장이 극에 달해 여성들은 밤에도 옅은 볼 화장을 한 채 잠이 들었다.

로코코시대에는 화려한 헤어 스타일과는 대조적으로 손톱의 모양은 짧고 둥글었으며, 가끔 손톱에 부모나 친구들의 초상을 그려놓고 이를 보며 즐거워하였다는 기록이 있다.

근대

근대에는 산업혁명과 민주주의를 추구하는 시민사회로 지나친 화려함보다는 자연스러움을 중요시하여 귀족풍과 시민풍이 같이 공존하였다. 남성의 머리 형태는 별다른 변화 없이 거의 단발 스타일을 이루다가 짧아졌고 여성의 머리 형태는 컬을 하여 앞머리는 자연스럽게 늘어뜨리고 나머지 머리는 단정하게 올려 보닛, 고트got 및 캡으로 연출하였다. 이 시기에는 여성만이 자연스러운 화장을 하였고 위생과 청결을 중요시하여 비누가 보편화되었다.

왕족이나 귀족의 전유물이었던 크림이나 로션 등의 화장품도 일반인들에게 널리 보급되었으며 질도 향상되고 종류도 다양해졌다. 이밖에도 증기목욕, 염모, 탈모, 매니큐어, 그리고 마사지 등을 하였다.

상류층의 특권으로만 여겨졌던 네일 아트가 일반인에게도 대중화되기 시작하여 매니큐어가 세계적으로 널리 유행하게 되었으며 19세기 후반에는 여성이 갖춰야 할 필수적인 교양과 차림새로 손과 손톱을 아름답게 하는 방법이 소개되었다. 매니큐어 산업은 프랑스 파리에서 미국으로 진출하였고 1890년대 뉴욕시에 리커스Rikers라는 전문 네일숍이 생겼다.

현대

1900년대는 런던의 미용사 찰스 네슬레가 반영구적 웨이브를 만들어내는 방법을 고안했으며 이후 마르셀 그라토Marcel Grateau가 고안한 마르셀 웨이브에 의해 퍼머넌트 웨이브가 시작되었다. 이 시대의 메이크업은 자연스러운 스타일이었으며, 급속한 산업화에 의해 화장품의 제조도 활발해져 피부를 깨끗하게 가꾸는 여성 전용의 기초화장품인 크림이나 로션류가 애용되었다. 그 중 시몬크림은 반세기 이래 화장품 중 최고의 지위를 차지하였다. 금속으로 된 니퍼와 파일을 이용한 네일 케어가 시행되었고 뉴욕시에 매니큐어 제조회사 플라워리Flowery가 문을 열었다. 에나멜이 존재하였으나 투명한 색을 하루 이상 유지하지는 못하였다.

9
시몬크림

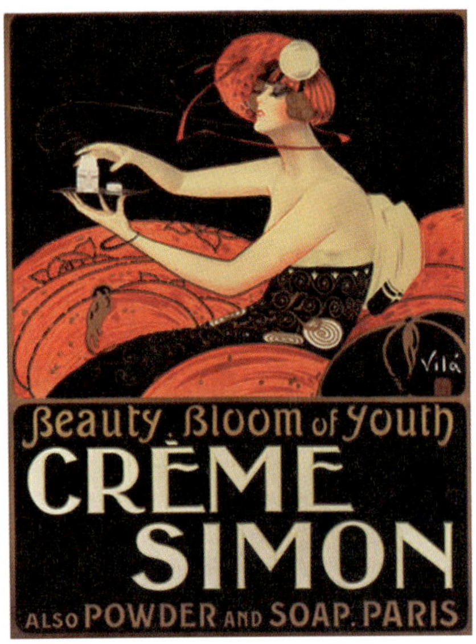

1910년대는 손질하기 쉬운 단발의 보브 스타일이 인기를 끌었으며, 인조 속눈썹이 미용의 역사에 처음 등장하기 시작하였고, 화학적으로 제조된 다양한 화장품이 출시되어 눈을 화장하는 마스카라, 아이브로펜슬, 그리고 아이섀도 등이 가게에 진

열되었다. 함부르크의 어떤 약사는 니베아(라틴어로 눈 같은 순백이라는 뜻) 크림을 구상하였으며, 이는 최초의 유분 속의 수분 로션이었다. 잡지 〈보그〉에 도구를 사용하지 않고 네일 관리를 할 수 있는 홈 케어 제품이 소개되었고, 1919년에는 최초로 에나멜이 특허로 등록되었다.

1920년대는 소년 같은 보이시 스타일과 길이가 짧은 보브 스타일이 같이 유행하였으며 마르셀 웨이브가 성행하면서 짧은 머리에 컬이 있는 스타일이 인기를 끌었다. 메이크업 스타일에서는 화장품산업의 본격적인 확대와 영화산업의 발달에 따라 할리우드 스타의 영향력이 막강해졌으며 자연스러운 화장이 아닌 인공 미인을 만드는 인위적인 스타일을 추구하였다.

파투Patou는 바카라Baccarat 크리스털 병에 담긴 칼데아 오일Huile de Chaldee을 최초의 선탠오일로 소개하였으며 잔 피오베르Jeanne Piaubert는 전류를 이용하여 미용과 체형 교정 시에 사용하는 기계를 완성하였다. 영화배우들의 영향을 받아 손톱을 칠하는 것이 인기를 끌어 에나멜 제품의 수요가 본격화되었고 일반 상점에서 에나멜을 구입할 수 있었다.

1930년대는 여성의 우아함을 요구한 시대로 머리카락의 청결, 다리나 겨드랑이 털의 제거, 손톱 칠하기, 몸에서 나는 악취의 제거제 등이 필요하게 되었고 보건위생 개념이 아름다움과 함께 공존하였다. 헤어 스타일은 부드러운 웨이브, 여성스러운 긴 머리와 유연한 실루엣이 강조되었고 콜드 웨이브가 대중화되면서 퍼머넌트 웨이브와 함께 금발을 선호하면서 탈색 등 염색을 하기 시작하였다.

10
금발의 퍼머넌트 웨이브

이 시대 미용술의 탐미주의자인 헬레나 루빈스타인은 최초로 수분 공급 제품, 유액크림 등을 개발하였으며, 전신 마사지와 피부 관리는 아름다움을 보존하기 위해 시행하였다.

붉은 오일과 향을 첨가하여 견고하면서 물에 대한 저항력이 강화된 에나멜 제품은 보다 오랫동안 지속되어 네일 색상과 립스틱 색상들이 조화를 이루기 시작했다.

1940년대는 제2차 세계대전으로 인해 화장품산업이 5년간 정체되어 좀 더 자연스러운 화장이 유행하였으며 헤어 스타일은 고불거리는 컬과 핑거웨이브로 간편해졌다.

메이크업 스타일은 육감적인 섹시함을 강조하였고 피부를 마사지해주는 자동 샤워기구가 대중화되었으며 네일의 경우에는 남성들도 이발소에서 습식 매니큐어를 받았다.

1950년대는 제2차 세계대전의 영향으로 미국이 세계를 리드하면서 뉴욕이 새로운 문화의 중심지로 떠올라 미국 영화배우들의 헤어 스타일이 유행하였다. 메이크업 스타일은 다양한 이미지를 표현하였고 피부 표현, 눈화장, 그리고 입술화장 등 각 부위가 서로 조화되는 깨끗한 화장이었다. 디아더민Diadermin이라는 최초의 주름방지용 크림이 나왔다. 네일은 짙은 색상보다 자연 네일에 가까운 색상이 유행하여 자연스러운 다양한 색상이 개발되었으며, 아크릴릭 네일이 최초로 사용되었다. 스타들은 손톱과 발톱에 매니큐어를 하여 과시할 수 있게 되었다.

1960년대는 대중매체의 대량 보급을 통해 의상, 헤어 스타일, 그리고 메이크업 등 전 분야에 걸쳐 새로운 유행의 시작을 알려주는 미용의 황금기였으며 이 시기의 아름다움은 건강한 섹시함을 뜻했다.

11 12

11
마릴린 먼로 스타일

12
트위기 스타일

13
핀란드식 사우나

헤어 스타일은 비달사순의 기하학적인 쇼트커트가 유행하였으며 히피의 영향으로 기존의 일정한 틀에서 긴 머리를 자연스럽게 풀어버린 형태였다. 화장도 여성의 전유물에서 벗어나 연령과 성별이 확대되어 각 구성원의 다양한 미적 가치를 표출하는 구체적인 수단이 되었다. 일본 여성들은 외국의 미용술을 자신의 것으로 재창조하였는데, 가슴을 키우기 위한 미국식 가슴 단련법에서부터 아름다운 피부를 갖기 위한 핀란드식 냉욕법을 시작하였다. 실크와 리넨을 이용하여 약하고 부러지기 쉬운 네일을 보강하기 시작하였으며 트리트먼트가 시작되었다.

1970년대는 헤어 스타일이 예술로 인정받게 되며 미용의 모든 분야에서 과학적 사고와 창조가 중요시되었다. 머리를 불규칙한 길이로 자르고 젤, 무스, 그리고 스프레이 등을 사용하여 뾰족하게 만든 후 고정시킨 스타일에 다양한 색으로 염색하였다. 또한 그동안 아이론을 이용한 딱딱한 분위기의 웨이브를 블로우 드라이 기구를 사용하여 소프트하면서도 자연스러운 웨이브 스타일로 연출하게 되었는데, 바람에 날리듯 자연스럽다는 뜻의 바람머리 스타일이 유행하였다.

메이크업 스타일은 개성 있는 외모를 중시하여 남녀의 구분 없이 흰 피부에 직선적으로 굵게 그린 눈썹에 눈 주위를 강하게 표현하는 펑크 화장을 하였다. 본격적으로 네일 팁과 아크릴릭 네일이 시행되어 많은 여성들이 긴 네일로 아름

14 15

14
영국 다이애나비의 바람머리 스타일

15
다양한 색조의 현대적인 눈 화장

다움을 표현하였다. 그리고 네일리스트라는 직업이 확립되고, 네일 관리와 네일 아트가 유행하기 시작했다.

1980년대는 여성의 사회 참여의 증가로 인해 강하고 화려한 이미지를 강조하였다. 커트와 파마가 다양해지고 클리퍼와 레이저 등 최신 미용기구도 많이 선보였으며 스트레이트 파마와 긴 머리에 굵게 살짝 웨이브를 한 파마가 유행했으며, 보브와 상고단발형도 인기를 끌었다. 피부 분야에서 과학적인 방법이 도입되어 시세이도의 경우 살롱에서 피부를 촬영한 후 분석을 할 수 있는 다이렉트 스킨센서Direct Skin Sensor라는 분석기를 설치하였다. 메이크업은 화려하고 강한 스타일의 화장을 하다가 부드러운 색상의 내추럴 메이크업이 유행하였다.

네일 분야는 직장여성 중 손톱장식을 하지 않은 여성들이 없을 정도였으며 파우더, 프라이머, 그리고 리퀴드 등의 아크릴릭 네일 전문 제품과 핸드 제품이 개발되고 출시되었으며 네일 액세서리도 등장하였다.

1990년대에는 다양한 헤어 스타일과 머리색이 유행하였다. 90년대 전반기에는 자연스러운 웨이브의 헤어 스타일이 유행하였고 중반에는 힙합, 레게스타일, 그리고 에스닉풍의 스트레이트 헤어 스타일 등을 선호하였으며 90년대 후반기로 갈수록 독창적인 이미지의 헤어 스타일이 나타나 헤어 익스텐션이나 컬러링을 한 인조머리카락이나 천연 머리카락을 붙여 색을 입히는 방법이 유행하였다.

90년대 초 아름다움의 개념은 건강한 육체와 정신으로 인식되어 운동으로 단련된 건강미가 참된 아름다움으로 인정받아 노메이크업 스타일이 유행하였다. 중반으로 접어들면서 개인의 개성을 표현하고 다양성이 강조되었으며, 90년대 말에는 아방가르드 스타일의 실험적 메이크업이 나타나기도 하였다.

1994년 라이트 큐어드 젤 시스템이 등장하였으며 뉴욕주에서는 네일 테크니션 면허 제도를 도입하였다.

2000년대 초반에는 오리엔탈리즘과 뉴 미니멀리즘의 영향으로 젠Zen스타일이 나타났다. 뱅이 있는 프린지 라인과 가벼운 질감의 커트 형태, 투톤의 과감한 컬러링과 3단계의 그러데이션 기법, 그리고 모발을 길게 하기 위해 익스텐션을 이용한 레게머리 스타일 등이 컬러풀하게 연출되었다.

2000년대 중반에는 다양한 헤어 문화가 공존하면서 머리끝의 소프트한 움직임을 주는 섀기 커트 스타일과 풍성한 앞머리 보브라인, 언밸런스한 커트가 주를 이루었다. 또한 웰빙 열풍이 불어 탈모와 두피에 대한 관심이 높아지면서 헤어케어 분야가 성장하였다. 최근에는 자연스럽고 쉬운 스타일을 위해 무스, 젤, 그리고 왁스 등의 스타일링 제품을 이용한 헤어 스타일이 유행하고 있다.

16
현대의 헤어 스타일과 네일

21세기 여성들에게 화장은 자신만의 스타일을 연출하기 위해 패션과 함께 조화를 이루는 중요한 요소가 되었다.

네일 분야는 빠르게 대중화되면서 발전하고 있다. 네일 아티스트들이 증가하고 네일 케어, 네일 보강 및 네일 아트가 발달하여 핸드 페인팅, 에어브러시, 주얼리피어스, 2D, 3D, 헤나, 그리고 젤 데코아트 등 다양한 아트기법이 등장하였으며 네일 전문 기술이 전파되었다. 또한 네일 관리 제품의 생산과 다양화가 빠른 속도로 이루어지고 있다.

한국의 미용 역사

우리나라 미용의 기원은 확실하지 않으나 문헌의 기록이나 그림을 통해 보면 4천여 년 이전에 쪽진 머리와 상투 머리를 주로 하였으며 2천여 년 전의 후한서나 신당서에서 살펴보면 삼한시대부터 미용의 개념이 존재하였음을 알 수 있다. 미용은 치장 정도를 가리키는 말이 아니라 얼굴 치장 행위를 가리키며 치장하거나 단장하는 데에도 의미를 다르게 표현하였는데, 몸단장까지 이르면 단장으로, 장신구까지 치장한 경우에는 장식이며, 옷차림까지 화사하게 하였을 때는 성장으로 구분하였다.

고조선, 삼한시대

한반도의 동북부 지방에 거주했던 읍루인들이 겨울철 피부 보호를 위해 연화기능이 있는 돼지기름을 발라 추위를 견디고 튼 살을 치료했다는 기록이 있다. 흰 피부를 선호하고 숭상하여 마늘과 쑥을 이용해서 피부를 희게 하였고, 또한 말갈인들은 피부를 하얗게 하기 위해 오줌으로 세수를 했다는 기록이 있다.

채협총에서 출토된 채화칠협을 보면 이마를 넓히기 위해 머리털을 뽑은 흔적

17
고구려의 사신총

이 뚜렷하며 눈썹이 굵고 진한 것으로 보아 그려져 눈썹화장을 했음을 알 수 있다. 변진과 마한인들은 문신을 하였는데, 이를 원시화장으로 추측하고 있다. 손톱화장에 대한 기록은 삼한시대에 나오는데, 어촌에서는 바다에 가기 전 쪽藍으로 손과 발에 물을 들였고, 산촌에서는 산에 오르기 전 손톱과 발톱을 붉게 칠했다고 한다.

18
19

18
고구려의 무용총

19
고구려의 덕흥리고분

삼국시대

삼국시대의 특징은 향의 보급과 목욕의 대중화를 들 수 있는데, 목욕이 대중화됨에 따라 그에 필요한 용품과 용구가 함께 발전하였다. 고구려시대의 머리 형태는 여성의 경우 종류가 다양하였으며, 남성들의 머리 형태는 대부분 외상투가 많았다.

고구려 여성의 얼굴형은 보름달처럼 둥글었고 눈썹은 신경을 써서 짧고 뭉툭하게 그렸으며 뺨과 입술에 연지 화장을 하였다. 백제시대의 머리 형태는 여성은 머리를 두 갈래로 땋아 틀어 올렸고 화장은 연지를 바르지 않아 전체적으로 은은하고 자연스러운 화장을 하였으며 화장술이 고구려와 신라보다 늦게 시작되었으나 나중에는 일본에 전파할 정도로 발달되었다.

신라인은 아름다운 육체에는 아름다운 정신이 깃든다고 생각하였고 가체가 발달하여 중국을 비롯한 다른 나라에까지 그 우수성이 전해졌다. 동백이나 머릿기름을 제조하여 머리 손질을 하였으며, 머리를 깨끗하게 감는 풍속과 목욕을 중시하는 영육일치 사상을 볼 수 있다. 열은 화장이 성행하였고 백분, 향수, 그리고 향료 등을 즐겨 사용하였다.

통일신라시대

통일신라시대에는 머리 형태가 다양하게 변화하였으며 당

20
당나라시대의 보련도

나라의 영향으로 남녀의 치장이 매우 화려해졌다. 화장은 백분에 붉은색을 염색한 색분을 만들어 쓰고 화장품의 질이 향상되었으며 화장술도 발달되었다.

고려시대

고려시대에는 통일신라시대의 풍속이 거의 전승되어 신분과 나이에 따라 머리 형태를 달리하였다. 미혼 여성들은 붉은 띠로 머리의 일부를 묶고 나머지는 뒤로 내렸다. 통일신라시대부터 쓰던 비녀가 유행하게 되어 상류층에서는 비녀가 장식된 가체를 사용했다. 숯, 재, 그리고 옻나무 등의 재료를 이용하여 흰머리를 가리기 위한 백모 염색이 서민사회까지 확산되었다.

깨끗하고 청결한 것을 좋아한 고려인들은 다양하고 체계적인 목욕법과 미용법을 개발하고 발전시켰다. 고려시대에는 짙은 화장을 즐기지 않아 분은 사용하였으나 연지를 사용하지 않았으며, 당의 기녀제도를 모방하여 제도화된 기생 중심으로 분대화장이 성행하였다. 분대화장은 반지르르하게 머릿기름을 바르고 눈썹을 가늘게 그리며, 뺨에는 연지를 바르고 백분을 많이 펴 바른 짙은 화장을 말한다. 그리고 고려시대의 화장품인 면약은 액상타입으로 얼굴을 부드럽고 희게 하는 기능을 가지고 있었다.

21
명나라시대의 후궁연회도

처음 봉선화 꽃물을 들인 시기는 정확하게 알 수는 없으나 고려시대 때 백반과 함께 봉선화 꽃과 잎을 곱게 빻아 손톱에 물을 들이는 풍속이 성행하였다.

조선시대

조선시대에는 근검절약이 강조되었고, 외면의 아름다움보다 내면의 아름다움, 부덕이 강조되어 부용婦容은 깨끗하고 부드러운 마음가짐을 표현하는 것이라고 여겼다.

미혼 남녀의 머리 형태는 모두 땋은 머리를 하였고 기혼 여성의 머리 형태는 얹은머리와 쪽진 머리가 성행하였으며, 기혼 남성은 상투를 트는 것이 일반적이었다. 얹은머리에는 궁중에서 왕비의 혼례용으로 사용되었던 대수머리와 내명부가 상용했던 의례용 대수머리가 있고 족두리를 쓰는 어여머리는 외명부나 반가의 부녀자와 일반인이 혼례용으로 사용하였다. 이와 같은 조선의 올림머리는 중국 명나라의 고계형 머리 형태에서 영향을 받았다.

조선시대에는 피부의 청결을 중요시하여 신분에 상관없이 목욕을 즐겼는데 부유층에서는 난탕蘭湯·삼탕에 목욕하는 습관이 있었고 서민층에서는 갯가나 냇물에 나가 목욕을 하였다. 또한 티 없이 맑은 피부를 중시하여 미안수를 바르

22 23

22
조선시대의 회혼례도

23
조선시대의 회혼례화첩 부분도

고 미안법을 하는 등 각고의 노력과 정성을 기울였다.

여염집 여성들은 깨끗하고 맑은 피부를 간직하고 화장은 거의 표시가 나지 않을 정도의 엷은 화장을 하였으며 일반 부녀자들 중에는 세수와 빗질만 하고 화장은 전혀 하지 않는 경우도 많았다. 반면 기생과 궁녀 등 특수계층은 백분으로 얼굴을 하얗게 칠한 후 입술과 뺨에 연지를 진하게 바르고 눈썹을 먹으로 칠하는 등 짙은 화장을 하였다.

조선시대에는 진보된 화장품 제조기술을 갖추고 있었는데, 이것은 일본에서 출시된 '아침이슬'이란 제품의 광고문을 보면 '조선 기법으로 제조된 화장수'라는 문구를 통해 추측할 수 있다.

개화기

1900년대에는 일본 유학파였던 최활란이 퐁파두르 스타일의 머리 형태와 모자를 착용하고 귀국하여 장안에 화제가 되기도 했다. 신여성이나 학생, 그리고 직업여성들 사이에서는 짧은 헤어 스타일과 더불어 댕기머리가 공존했으며, 중년여성은 쪽머리를 여전히 고수하였다.

1920년대에는 우리나라 최초의 미용사가 등장하였으며 일본 유학생에 의해 단발머리 스타일이 신여성 사이에서 유행하였고 부드러운 피부를 위해 미안수

24 25

24
퐁파두르 스타일

25
무용가 최승희의 단발머리 스타일

를 사용하였다. 화장은 반듯한 이마에 잔털을 제거하고 박가분을 물에 개어서 하얗게 바르는 스타일이 유행하였다.

1930년대에는 일본에서 미용공부를 한 오엽주가 화신백화점 내에 화신미용실을 최초로 열었으며, 대중성과 실용성 면에서 누구에게나 무난히 어울리는 긴 머리와 짧게 자른 단발머리 스타일이 공존하며 유행했던 시기이다.

1940년대에는 일제강점기 말기에 금지되었던 퍼머넌트 웨이브가 다시 등장하여 세팅 또는 아이론으로 웨이브를 만들어 멋을 부렸다. 한편, 화장품산업은 일제 해방을 계기로 퇴보를 보였다.

1950년대에는 강한 컬의 콜드 파마나 미국 잡지와 영화의 유입으로 인해 헤어 스타일이 점점 더 서구화되고 급속도로 확산되어 헵번스타일도 유행하였다.

클렌징이나 마사지를 위한 용도로 콜드크림을 사용하였고 영양크림의 용도로 배니싱 크림vanishing cream을 사용하였다. 또한 마사지 용도의 꿀이 대량 생산되었고 보습크림 등의 피부 관리 제품이 등장하였다.

1960년대 중반부터는 가발 붐이 일기 시작하여 머리 형태를 개성 있게 선택할 수 있으므로 세련된 멋을 냈다. 그리고 고데기를 사용하여 머리 형태를 연출하게 되면서 현대적인 드라이를 시도하였다. 국산화장품의 생산이 본격화되면서 여러 종류의 기초화장품들이 출시되어 화장품의 수요도 점점 증가하였고 화장품산업의 발전을 촉진하였다.

1970년대에는 커트의 절정으로 섀기 커트가 유행하였고 아이론과 세팅에 의한 딱딱한 웨이브가 사라지고 가벼운 웨이브 스타일이 나타났다. 1970년대에는 최초로 피부 관리실이 생겼다.

1980년대 초에는 여대생이나 직장여성을 중심으로 클리퍼와 레이저를 변형한 커트와 펑크헤어 또는 디스코머리와 같은 중성적인 헤어 스타일 등이 유행하였다. 제24회 서울올림픽의 개최 이후 메이크업에도 개성적인 표현이 두드러지게 나타나 다양한 색상으로 메이크업을 강조하였으며 색조화장품과 기능성 화장품이 출시되어 화장품산업의 발전을 도모하였다.

피부 미용업이 전문 직종으로 새롭게 등장하여 본격적인 피부 관리 산업이 시작되었다. 전문 교육을 실시하여 피부 관리의 전문인을 '피부관리사'라고 지칭하였고 그 후 국제피부미용학술협회의 정식회원국으로 가입하였다.

네일은 다른 미용 산업에 비해 늦게 도입되었으며 1980년대 후반이 되어서야 시작되었다. 1988년 이태원에는 외국인 상대의 최초 네일 전문숍인 그리피스 네일살롱이 오픈하였다.

1990년대 웨이브는 여러 가지 특수 로드와 기술이 사용되었으며 컬러와 코팅을 동시에 처리하는 파마와 볼륨 없이 달라붙는 머리, 그리고 길게 층을 낸 스

26 27

26
가벼운 웨이브

27
1990년대 헤어 스타일

트레이트가 유행하였다. 또한 패션가발이 유행하였고 염색과 탈색의 인기로 인해 모발의 건강을 생각하는 모발재생의 개념이 생성되고 모발 전문 관리실도 등장했다. 1990년대부터 대학교에서 피부 미용 관련학과가 신설되어 전문 인력을 많이 배출해내고 있다. 1996년 미국의 네일 제품이 국내에 수입되어 소개되었고 압구정에 네일 전문살롱인 쎄씨네일과 할리우드 네일이 문을 열었다. 1997년 롯데백화점 내에 쎄씨네일의 진출을 시발점으로 대중화 되었다.

21세기 헤어 스타일은 여러 가지 특수 로드와 기술이 사용된 파마가 유행하고, 패션 가발, 염색, 탈색, 그리고 전문화된 커트 등의 다양한 스타일이 유행하고 있다. 메이크업은 대중매체의 발달로 인해 트렌드가 빨리 전파되어 동서양의 차이가 점점 없어지고 있으며 개인의 개성을 표현하는 수단으로 받아들여져 남녀노소 모두 화장을 하고 있다. 피부 관리는 관리방법의 다양성과 차별화된 관

28
2000년대 메이크업 스타일

리법에 따라 건강과 미를 생각하는 고객들에게 많은 호응을 얻고 있다. 네일 역시 진보된 기술과 제품에 의해 관리의 편리함이 갖춰지면서 패션의 중요 요소로 남녀 모두에게 유행하고 있다.

미용의 영역

미용과 관련된 과목은 미용학개론, 피부과학, 그리고 색채학 등의 공통적으로 필요한 분야와 헤어 미용, 피부 미용, 메이크업 미용, 네일 미용, 그리고 뷰티코디네이션 등의 전공분야로 나눌 수 있다.

관련 과목

공통 분야

미용학개론

미용의 모든 분야, 즉 헤어 미용, 피부 미용, 메이크업 미용, 네일 미용, 그리고 이를 조화시키는 뷰티코디네이션 등에 대해 총괄적인 내용을 다루는 학문이다.

헤어, 피부 관리, 메이크업, 네일 아트, 그리고 뷰티코디네이션 등을 포함하는 아름다움과 건강의 개념, 인체의 생리 및 건강을 증진시키기 위한 기초 학문이다. 우리 몸의 건강, 아름다운 피부와 모발을 가질 수 있게 하고 그 위에 시행하는 메이크업, 네일, 그리고 뷰티코디네이션 등 모든 관리가 효과적으로 이루어지도록 기초 이론을 학습한다.

피부과학

인체의 전반적인 생리에 대해 이해하고 이에 따라 피부의 기초적인 생리를 올바르게 이해하는 학문이다. 일반적으로 인체에서 일어나는 생화학적인 작용 및 인체 생리를 기초적으로 이해하여 피부학적 측면에서 얼굴과 전신 피부의 상태를 분석할 수 있는 능력을 습득한다.

색채학

색채에 대한 기본 원리 및 응용에 필요한 컬러 감각을 익히기 위한 학문으로 컬러 이론, 컬러 체계, 컬러 대비, 컬러 심리와 시각적 효과, 뷰티와 패션 이미지에 적합한 컬러 배색 테크닉에 관해 이론과 실습을 병행할 수 있도록 학습한다.

화장품학

화장품의 유형 및 사용목적에 따라 분류하고 각 제품들을 구성하고 있는 원료와 효능 및 효과에 대해 고찰하여 화장품에 대해 올바르게 이해하고 이를 미용에 접목시켜 효과를 증대시킬 수 있는 능력을 함양한다.

공중보건학·위생법규

공중보건학 및 위생법규의 이론적 이해를 제공하는 학문으로 공중위생학의 개념, 역학, 소독 및 감염병 관리, 환경위생, 그리고 공중위생관리법 등에 대해 이해를 하고 미용 관련 위생법규를 습득한다.

해부생리학

신체의 구조와 특성 등을 통하여 이론적 지식을 배경으로 보다 효과적이고 전문적인 미용관리를 할 수 있도록 한다.

소독 및 전염병학

미용관련에 대한 모든 도구 및 기구에 대한 올바른 소독법을 습득하고, 식물병원체의 전염경로를 밝히고 발병과 환경원의 관계를 조사하여 병방제의 기초를 습득한다.

미용경영

미용관련업체에서 경영관리에 대한 구조와 원리에 대한 이론을 고찰하고 실제 경영관리에 적용할 수 있도록 한다.

전공 분야

헤어 미용

헤어 미용의 분야에는 공통 분야 이외에 헤어 커트, 헤어 세팅, 퍼머넌트 웨이브, 블로우 드라이, 업스타일, 그리고 헤어 컬러링 등이 있으며 헤어 디자이너가 되기 위해서는 기초적으로 이 모든 분야에 대한 이론과 기술을 습득한다.

피부 미용

피부 미용의 분야는 공통 분야 이외에 기본 페이스와 보디 마사지, 발마사지, 아로마세러피aromatherapy, 경락마사지, 림프드레나지, 그리고 스포츠마사지 등의 분야에 대한 이론 및 기술을 습득한다.

메이크업 미용

메이크업 미용의 분야는 공통 분야 이외에 뷰티 메이크업, 패션 메이크업, 수정 메이크업, 미디어 메이크업, 웨딩 메이크업, 그리고 분장 등에 대한 이론 및 기술을 습득한다.

네일 미용

네일 미용의 분야는 공통 분야 이외에 네일 케어, 팁 시스템, 아크릴릭 시스템, 젤 시스템, 기본 네일 아트, 핸드페인팅, 2D 아트, 3D 아트, 드릴, 그리고 에어브러시 등에 대한 이론 및 기술을 습득한다.

뷰티코디네이션

미용에 대한 전반적인 교과목을 학습한 후 개인의 이미지에 맞는 외모를 연출할 수 있도록 토털코디네이션 기법을 학습하고 실습하기 위한 것으로, 헤어, 피부, 메이크업, 네일 및 패션과 액세서리 등의 요소를 활용하여 TPOtime, place, occasion에 맞는 외모스타일링을 습득한다.

관련 자격증

미용사면허증

공중위생관리법 시행규칙에 의해 미용사면허에 대한 부분은 다음과 같다.

제6조(이용사 및 미용사의 면허 등)

① 이용사 또는 미용사가 되고자 하는 자는 다음 각 호의 1에 해당하는 자로서 보건복지부령이 정하는 바에 의하여 시장·군수·구청장의 면허를 받아야 한다.

1. 전문대학 또는 이와 동등 이상의 학력이 있다고 교육부장관이 인정하는 학교에서 이용 또는 미용에 관한 학과를 졸업한 자

1의 2. 「학점인정 등에 관한 법률」 제8조에 따라 대학 또는 전문대학을 졸업한 자와 동등 이상의 학력이 있는 것으로 인정되어 같은 법 제9조에 따라 이용 또는 미용에 관한 학위를 취득한 자

2. 고등학교 또는 이와 동등의 학력이 있다고 교육부장관이 인정하는 학교에서 이용 또는 미용에 관한 학과를 졸업한 자
3. 교육부장관이 인정하는 고등기술학교에서 1년 이상 이용 또는 미용에 관한 소정의 과정을 이수한 자
4. 국가기술자격법에 의한 이용사 또는 미용사의 자격을 취득한 자

② 다음 각 호의 1에 해당하는 자는 이용사 또는 미용사의 면허를 받을 수 없다. 〈개정 2007. 12. 14, 2008. 2. 29, 2009. 12. 29, 2010. 1. 18〉

1. 금치산자
2. 「정신보건법」 제3조제1호에 따른 정신질환자. 다만, 전문의가 이용사 또는 미용사로서 적합하다고 인정하는 사람은 그러하지 아니하다.
3. 공중의 위생에 영향을 미칠 수 있는 감염병환자로서 보건복지부령이 정하는 자
4. 마약 기타 대통령령으로 정하는 약물 중독자
5. 제7조제1항제1호 또는 제3호의 사유로 면허가 취소된 후 1년이 경과되지 아니한 자

국가자격증

헤어 미용사 자격증

미용업무는 공중위생 분야로서 국민의 건강과 직결되어 있는 중요한 분야로 향후 국가의 산업구조가 제조업에서 서비스업 중심으로 전환되는 시기이므로 수요가 증대되고 있다.

분야별로 세분화 및 전문화되고 있는 세계적인 추세에 맞추어 미용의 업무 중 머리, 메이크업, 네일의 업무를 수행할 수 있는 미용 분야 전문 인력을 양성하여 국민의 보건과 건강을 보호하기 위해 자격제도를 제정하였다.

공중위생법상 미용사가 되려는 자는 미용사 자격 취득을 한 뒤 시·도지사의 면허를 받도록 하고 있다법 제9조.

미용사일반의 업무범위는 파마, 머리카락 자르기, 머리카락 모양내기, 머리·피부 손질, 머리카락 염색, 머리 감기, 손톱과 발톱의 손질 및 화장, 의료기기와 의약품을 사용하지 않는 눈썹손질, 얼굴의 손질 및 화장을 말한다.

시험은 상시로 한 달에 1~2회 정도 있으며 이론시험은 미용이론, 공중보건학, 공중위생법규, 피부학, 그리고 소독학 등이고 실기시험은 5과목으로 커트, 파마, 롤, 핑거웨이브, 그리고 신부화장 등이다.

피부 미용사 자격증

2008년부터 시행된 국가자격증으로 자격 시험은 상시 여러 번 시행되고 있다. 피부 미용사 자격증의 이론시험은 피부 미용학, 피부학, 해부생리학, 피부기기학, 화장품학, 공중위생관리학 등이며, 실기시험은 피부 미용 실무를 위한 준비 및 위생사항 검정 수행, 피부의 타입에 따른 클렌징 및 딥클렌징, 피부의 타입별 분석표를 작성하기, 눈썹 정리 및 왁싱 작업, 손을 이용한 얼굴 및 신체 각 부위 관리 등이 있다.

네일 미용사 자격증

헤어 미용사 자격증에 포함되어 있던 네일 분야의 자격이

2013년에 따로 입법 예고되면서 국가자격증을 취득할 수 있게 되었다. 시험은 2014년에 시행될 예정이며 미용 분야에서 가장 늦게 출발하였으나 빠르게 성장하고 있다.

미용장

미용장은 미용사 자격증의 취득 후 동일 직무 분야에서 8년 이상, 혹은 동일 분야에서 11년 이상 실무에 종사한 미용인을 대상으로 한국산업인력관리공단이 시행하는 한국 미용기능장 국가기술 자격시험에 최종합격하여 한국 미용기능장 자격을 취득한 미용인을 말한다. 미용업계에서 미용장 자격의 취득은 최고영예의 자리이며 사회적 대우는 박사, 기술사와 함께 기능계의 박사학위와 동등한 위치이다. 즉, 미용장은 명실상부 대한민국 최고의 미용인을 말한다.

미용장은 학점은행제에 따라 39학점의 혜택을 받고 있으며 직업능력 개발훈련교사 2급 자격을 동시에 취득하여 미용 관련학과 대학교수나 미용직업 관련학교, 학원의 우선추천을 받고 있다.

이용장

미용기능장에 비해 취득이 수월한 자격증이지만 지원 자격과 대우 등은 비슷한 수준이다.

컬러리스트 산업기사

색채 관련 상품기획, 소비자조사, 색채관리 등 색채 관련 지식과 기술을 습득하여 색채조사 및 분석, 색채계획, 디자인 관리와 같은 직무를 수행한다.

컬러리스트 기사

컬러리스트 산업기사보다 시험이 더 어려우며 관련학과의 졸업 후에 응시가 가능하다. 시험 내용은 컬러리스트 산업기사와 비슷하다.

숍마스터

숍마스터는 매장관리인이라고 부르기도 하며 고객에게 패션에 대한 정보, 상품에 대한 정보를 제공하고 패션에 대한 조언이나 의상을 담당하는 역할을 맡는데, 주요 업무는 상품관리, 고객관리, 판매관리, 재고관리, 그리고 매장관리 등이 있다.

숍마스터는 전문적으로 교육을 받은 사람으로 고객에게 패션에 대해 조언할 수 있는 능력이 있으며, 매장을 활기 있는 공간으로 만들어가는 능력 등이 있다. 패션 판매에 대한 자질과 지식을 겸비해야 하고 또한 매장 내에 인적자원에 대한 관리를 총괄하며 그 인적자원을 관리하는 능력이 있으면서 판매율을 높이는 전략을 보여줄 수 있어야 한다.

자격증 시험내용은 기업에서 지향하는 이미지를 구체화시키는 능력을 검정하고, 상품의 기획 또는 매입단계에서부터 판매에 이르기까지의 원활한 마케팅 능력을 검정한다.

민간자격증

교육부는 민간자격으로 인한 소비자 피해를 방지하고 민간자격의 질을 높이기 위해, 자격기본법 시행령 일부 개정령안을 2013년 6월 입법예고했으며 10월 6일부터 시행되는 자격기본법의 주요 개정안을 살펴보면 다음과 같다.

- (사전등록제) 민간자격을 신설할 때는 주무부장관에게 등록·신청하도록 하며, 등록 후 1년 이상 자격검정 등을 미실시하는 경우에 등록을 취소하도록 한다.
- 알기 어려웠던 민간자격 금지분야를 주무부장관이 세분화하여 공고하도록 한다.
- 자격의 종류, 등록 & 공인번호, 해당 자격을 관리·운영하는 자 등의 정보를 광고에 포함하여야 하는 것과 거짓 또는 과장 광고의 유형을 구체화한다.
- 허위·과장광고의 구체적인 유형에 대한 처벌 기준을 명확하게 하도록 하였다.

2008년 5월부터 시행된 '민간자격 등록제'는 국가 외 법인·단체·개인이 신설하여 관리·운영하는 자격증으로 각 부·처가 관리하는 '등록 민간자격', 교육부로부터 인증을 받은 '공인 민간자격'(법인만 가능), 사업주가 자사 근로자를 대상으로 관련 직종에 대해 일정한 검정기준에 따라 부여하는 '사업 내 자격(고용부)'이 있다. 현재 민간자격은 등록 민간자격 4,066개 종목, 공인 민간자격 91개 종목, 사업 내 자격 116개 종목이다.

따라서 기존에 운영하던 미용관련 민간자격증은 현재 한국산업인력공단에 등록되지 않은 경우에는 그 자격증을 취득할 수 없다.

취업 분야와 4대 보험

취업 분야

헤어전공 분야

헤어 디자이너, 헤어살롱 경영, 모발클리닉 경영, 트리콜로지스트trichologist, 미용학원 강사, 특수목적고 교사, 직업학교 교사, 대학 강사, 문화센터 및 사회복지관 강사, 뷰티매니저, 전공 관련학과의 편입학 및 유학, 그리고 전공심화과정의 진학 등이 있다.

피부전공 분야

피부관리사, 트리콜로지스트, 병원부설 피부 관리실, 발관리사, 아로마세러피스트, 피부학원 강사, 특수목적고 교사, 직업학교 교사, 대학 강사, 문화센터 및 사회복지관 강사, 피부살롱 경영, 체형관리실 경영, 스포츠마사지사, 전공 관련학과의 편입학 및 유학, 그리고 전공심화과정의 진학 등이 있다.

메이크업·네일·코디전공 분야

메이크업아티스트, 방송국분장사, 특수 분장사, 화장품회사 교육 강사 또는 판매사원, 메이크업 스튜디오 경영, 네일 아티스트, 네일숍 경영, 뷰티매니저, 이미지컨설턴트, 뷰티코디네이터, 숍마스터, VMD, 학원 강사, 특수목적고 교사, 직업학교 교사, 대학 강사, 문화센터 및 사회복지관 강사, 전공 관련학과의 편입학 및 유학, 그리고 전공심화과정의 진학 등이 있다.

취업 후에 가입하는 4대 보험

4대 보험에 가입하면 정부DB에서 취업한 것으로 등록되어 개인의 경력으로 인정이 되나 4대 보험을 가입하지 않았을 경우에는 정부로부터 자신의 경력을 인정받을 수 없기 때문에 보험 가입은 매우 중요하다. 본인이 사업장이거나 프리랜서로 일할 경우에는 사업자등록증을 발급받으면 그 경력이 인정된다.

국민연금

국민연금은 만 60세부터 일할 수 없는 나이에 국가에서 일정 소득을 지원해주는 것이며, 일정 기간 동안 일을 하였을 경우 혜택을 받을 수 있다. 정부가 직접 운영하는 공적 연금 제도이다. 국민 개개인이 소득 활동을 할 때 납부한 보험료를 기반으로 하여 나이가 들거나, 갑작스런 사고나 질병으로 사망 또는 장애를 입어 소득활동이 중단된 경우 본인이나 유족에게 연금을 지급하여 기본 생활을 유지할 수 있게 하는 연금제도를 말한다.

건강보험

건강보험은 국민의 질병·부상에 대한 예방, 진단, 치료, 재활과 출산·사망 및 건강증진에 대해 보험서비스를 제공하여 국민건강을 증진시키기 위한 사회보장제도이다. 국민들이 매월 보험료를 내면 질병 등 치료할 일이 생겼을 때 진료비의 일부분을 납부하는 것으로 건강보험은 정부가 관련법에 통해 시행하는 제도이다.

고용보험

근로자가 실직한 경우에 생활안정을 위해 일정기간 동안 급여를 지급하는 실업급여사업과 함께 구직자에 대한 직업능력개발·향상 및 적극적인 취업알선을 통한 재취업의 촉진과 실업예방을 위해 고용안정사업 등의 실시를 목적으로 하는 사회보험의 하나이다.

고용보험법은 근로자의 실업으로 인한 사회·경제적인 어려움을 해소하는 것이 주된 내용이며, 또한 여성근로자의 고용기회의 확보를 위해 직장과 가정생활의 양립을 지원하는 육아휴직급여 및 산전후 휴가급여를 실시한다.

산재보험

산재보험은 공업화가 진전되면서 급격히 증가하는 산업 재해 근로자를 보호하기 위해 1964년에 도입된 우리나라 최초의 사회보험제도이다. 산재근로자와 그 가족의 생활을 보장하기 위해 국가가 책임을 지는 의무보험으로, 원래 사용자의 근로기준법상 재해보상책임을 보장하기 위해 국가가 사업주로부터 소정의 보험료를 징수한 후 그 기금으로 사업주를 대신하여 산재근로자에게 보상을 해주는 제도이다.

생각해 보기

1. 미용의 정의에 대해 정리해보자.

2. 취업 시 4대 보험의 중요성에 대해 적어보자.

3. 자신이 재학 중 취득해야 하거나 또는 취득하고 싶은 자격증에 대해 적어보자.

CHAPTER

2

Introduction to Cosmetology

미용인의 자질 개발

미용과 직업

직업의 정의

직업은 직職과 업業이 합쳐진 단어로, 직職은 관을 중심으로 행하는 직무라는 의미에서 관직이라는 뜻이 있으며, 직분을 맡아 행한다는 점에서 개인의 사회적인 역할을 의미한다. 업業은 생계를 유지하기 위해 전념하는 일이라는 뜻과 자기능력을 발휘하기 위하여 한 가지 일에 몰두한다는 뜻이 있다. 따라서 직업이란 개인이 사회적 책무를 맡아한다는 직무라는 의미와 생계유지나 과업을 위해서 수행해야만 하는 노동행위라는 이중적인 의미가 있다.

직업을 가지려는 사람은 직장이 무엇인지를 진지하게 생각해 보아야 한다. 직장은 단순히 일의 대가로 월급을 주는 곳이 아니라 사회가 요구하는 기능을 집단으로 협력하면서 만들어내는 곳이다. 물건을 제조하는 기

업의 경우 종업원들은 생활에 필요한 물건을 보다 저렴하고 우수하게 생산하여 소비자에게 공급하기 위해 일하고 있다. 미용실의 직원들은 고객의 서비스 제공을 최우선으로 하여 편안하고 만족스런 미용서비스가 이루어질 수 있게 일하고 있다.

이와 같이 직장의 의미는 남을 위해 일하는 것이다. 그동안 여러 조직체에서 역할을 다했던 인생 선배들의 도움을 받아서 우리는 지금까지 공부하고 성장하였다. 그러나 이제부터는 입장을 바꿔서 우리가 남에게 도움을 주어야 한다. 바른 사회인은 자신이 속한 조직의 역할을 충분히 이해하고 결과적으로 남에게 보다 큰 공헌을 하는 사람을 말한다. 따라서 직장인은 고객을 위해서 일하고 고객들에게 보다 큰 만족을 주어야 한다. 이것이 직장인의 목표이고 기업의 최우선 과제이다.

그리고 직장은 급여를 받고 일에 책임을 지는 자리이다. 학교는 자신이 돈을 내고 무언가를 배우는 장소이므로 어떤 목표가 실패하더라도 그것은 교육의 한 측면이므로 크게 문제되지 않는다. 그러나 직장은 회사와 직장인 간에 고용계약을 맺고 보수를 받는 대신 자신이 회사에 도움이 되어야 한다. 무언가를 배우는 학습장소가 아니라 직장에서는 일을 해야 하는 시간이 주어지며, 주어진 시간 내에 목적에 맞게 일을 마쳐야 한다.

직업의 선택

직업을 선택한다는 의미는 자신의 인생과 관련된 중대한 문제로서 꿈을 현실로 실현하는 하나의 과정이다. 사회인에게 직업은 대학시절의 현장실습이나 파트타임 근무와는 달리 큰 책임을 동반하는 것으로 마음에 들지 않는다고 해서 다음날부터 그만두는 무책임한 행동을 쉽게 하면 안된다.

삶의 궁극적인 목표는 행복이다. 행복한 삶은 보람과 만족을 느낄 수 있는 삶이므로 경제적인 안정도 중요하지만 이것이 행복을 위한 충분조건은 아니다. 행복한 삶의 충분조건은 자아를 실현하는 것이다. 자아실현은 직업 속에서 부단한 노력과 체험 등을 통해 이루어질 수 있다. 따라서 행복한 삶을 추구하기 위해서는 하고 싶은 일, 할 수 있는 일, 그리고 해야 할 일 등을 직업으로 선택하는 것이 가장 바람직하다. 최소한 싫지 않은 직업이어야 일을 잘할 수 있고 오랫동안 지속할 수 있다.

미용산업체는 전문직업인을 찾고 있으며, 이를 위해 취업 준비생들은 전공 분야의 산업체가 어떠한 자질과 지식을 요구하고 있는지를 면밀히 분석하여 필요한 실용지식을 학습하고 직장에서 이를 응용할 수 있도록 해야 한다. 그리고 실용지식 이외에 전략적 마인드와 산업체의 이미지에 적합한 기본적인 자질을 추가적으로 개발해야 한다. 즉 취업전략은 자신의 미래목표를 설정하고 그 목표를 달성하기 위한 최적의 길을 찾아가는 방법과 계획, 그리고 실천 등이다. 취업을 위한 자신의 전략적 사고와 행동은 기업에게 자신의 가치와 자질을 적극적으로 마케팅 하는 기본적인 사회활동이다. 그러므로 취업전략을 수립할 때에는 자기분석, 업체 연구, 업체 방문, 설명회 참가, 현장 실습, 직무, 그리고 면접 등을 분석하여 자료를 수정하고 보완해야 한다.

특히 면접은 전문직업인이 되기 위한 실용지식의 학습과 더불어 최종입사를 위한 가장 중요한 단계이다. 각 업체들은 짧은 면접시간에 지원자의 준비된 지식과 업체 정보 및 업체에 대한 지식, 직업관, 인성과 품성, 용모 및 태도, 그리고 발표력 등 사회생활과 직장생활을 조화롭게 할 수 있는 기본적인 지식과 매너 등의 자질을 종합적으로 평가하여 자사의 이미지에 부합하는 사람만을 채용하고자 한다. 따라서 치열한 취업경쟁 속에서 자신이 목표로 하는 기업에 입사하기 위해서는 전문직업인에게 필요한 실용지식을 학습하고 응용하며, 조화로운 직장생활을 위한 바람직한 자질 등을 충분히 함양할 수 있게 계획을 수립하고 이를 꾸준히 실천해야 한다.

서비스경쟁시대

서비스의 정의

서비스의 사전적 의미는 '봉사, 헌신, 돌봄, 접대, 편리하게 하다, 그리고 상대방의 부탁을 들어주는 것' 등으로 되어 있다. 어원은 노예를 의미하는 라틴어 'servus'에서 유래되었으며 미용에서 서비스는 최고의 기술, 최선의 노력, 친절한 고객응대, 단정한 몸가짐, 그리고 밝고 환한 미소 등 좀 더 색다른 용역을 제공하는 것을 말한다.

서비스의 분류

서비스라고 하면 대부분 항공사, 호텔, 관광사, 레스토랑, 그리고 은행 등을 연상하지만, 서비스는 서비스업종에만 국한되는 것이 아니라 모든 제조업을 포함한 기업과 병원, 관공서, 기관, 그리고 개인 등에 이르기까지 모든 산업과 밀접하게 관련되어 있다.

서비스의 분류기준은 학자마다 다르지만 크게 2가지로 나눌 수 있다. 첫째는 경제적 서비스라고도 하는 기능적 서비스와 둘째는 비경제적 서비스라고도 하는 도덕적 서비스이다. 전자의 경우는 물적 서비스, 인적 서비스, 그리고 금융 서비스 등으로 세분화할 수 있다. 고객에게 제공하는 기념품이나 견본 등이 물적 서비스의 예이며 고객과의 접점에서 이루어지는 은행 창구의 안내원이나 상담원, 그리고 승무원들의 응대 및 접대 등은 인적 서비스이다. 또 상품과 서비스의 정상가보다도 더욱 저렴하게 판매하는 것은 금융 서비스에 해당한다.

비경제적 서비스는 정신적 서비스와 태도적 서비스로 세분할 수 있다. 정신적 서비스는 자기의 이익을 생각하기 전에 먼저 고객이나 다른 사람에게 공헌하는 것을 중시하는 서비스로 모든 서비스의 기본 정신이다. 태도적 서비스는 고객에게 보이는 응대자의 우아한 태도가 여기에 속한다.

업체에서 원하는 고객응대법

모든 고객에게 호감을 주는 응대기술에는 아름다운 매너와 자세, 적극적인 마음가짐, 친절한 말씨와 세련된 화술, 보다 빠르고 정확한 업무처리, 그리고 서비스 제공 등에 대한 개인의 기본적인 자질 등이 포함된다. 고객의 기분을 좋게 하고 고객의 기대를 충족시킬 수 있는 응대, 이것이 서비스맨이 개발해야 할 아름다운 응대법이다.

업체에서 선호하는 직원의 성격이나 유형은 다음과 같다.

- 자신의 생활방식이나 생각이 뚜렷한 사람
- 조직의 일원으로 목표달성에 이바지할 수 있는 협조성을 지닌 사람
- 어려움을 잘 극복할 수 있는 사람
- 일의 본질을 간파하고 거기에 융통성 있게 대응할 수 있는 사람
- 자신의 감정을 자제할 수 있는 사람
- 성실하고 예의바르며 품위가 있는 사람
- 장점을 키우고, 단점을 솔직하게 인정하며 고치려고 노력하는 사람
- 상대방의 지적을 적극적으로 수용하는 사람
- 능동적이고 환한 미소와 밝은 표정을 지닌 사람
- 도전의식과 주인의식을 지닌 사람

업체에서 선호하지 않는 직원의 성격이나 유형은 다음과 같다.

- 문제의식이 없고 수동적인 사람
- 타성에 젖은 대학생활을 보낸 사람
- 단체 활동에 전혀 어울리지 않고 자기중심적인 사람
- 취업 동기에 뚜렷한 주관이 없는 사람
- 자존심만 세고 실력이 따르지 않는 사람
- 적극적이지 않고 발랄함이 없는 사람
- 미래에 발전 가능성이 보이지 않는 사람
- 사교성이 없고 남의 일에 전혀 관심이 없는 사람
- 사람을 끌어당기는 매력이 전혀 없는 사람
- 안색이 창백하여 건강이 좋지 않게 보이는 사람
- 성실하지 못한 사람

직장인의 기본 조건

마음가짐과 몸가짐

직장은 계층과 연령이 서로 다른 사람들로 구성된 사회라고 할 수 있다. 나이, 지식, 성격, 그리고 사고방식 등이 서로 다른 사람들이 모여 하나의 목표를 달성하기 위해 서로 협력하면서 조직적으로 일하는 곳이다. 직장생활을 보람 있게 하기 위한 올바른 마음가짐은 다음과 같다.

첫째, 근무규칙을 준수하면서 일하는 곳이라는 사실을 염두에 두어야 하며, 둘째, 능률과 생산성을 생각하고, 셋째, 프로정신으로 무장된 투철한 사명감을 가지고 자신이 맡은 바 임무에 최선을 다한다는 마음을 가져야 한다. 또한 직장인으로서의 예절, 다른 사람에게 폐를 끼치지 않으려는 마음과 상대에게 호감을 주고 다른 사람을 존경하는 마음가짐이 있어야 한다.

모든 행동의 기본이며 교양의 척도인 바르면서도 진실한 몸가짐은 그 사람의 얼굴표정이나 몸매에서도 나타난다. 그러므로 마음가짐에서 우러나오는 올바른 몸가짐이 자연스럽게 몸에 배도록 노력을 해야 한다. 단정하고 정중한 몸가짐이 있는 사람은 자신의 인품을 돋보이게 하고 어떠한 상황에서도 여유가 있어 상대방에게 심리적인 안정감과 편안한 느낌을 줄 수 있다.

바른 몸가짐을 가지기 위해 가장 중요한 것은 청결로, 청결한 몸가짐은 고객에게 호감을 주므로 몸의 청결상태나 옷차림의 상태를 항상 점검하고 유지하여 고객에게 좋은 인상을 주도록 해야 한다.

용모와 복장

건강하고 명랑한 인상을 가지기 위해서는 평상시 마음가짐을 바르게 하고, 밝고 건강하면서 청결함을 보여주는 화장으로 자기 얼굴을 돋보이게 하며, 단정하고 세련된 헤어 스타일을 선택한다.

또한 옷차림은 자신의 의사를 표시하는 하나의 수단이므로 저렴한 옷이라도 깨끗하고 단정하게 입는 것이 상대에 대한 기본적인 예의이며 상식이다. 최근에는 유니폼을 입는 직장이 많아졌는데, 이는 업체의 통일된 이미지를 고객에게 긍정적으로 전달하기 위해서이다.

개성을 살리는 용모와 깔끔하고 단정한 옷차림이 좋은 조화를 이룰 때 고객에게 신뢰와 좋은 인상을 줄 수 있다는 점을 인지해야 한다.

근무 자세

기본 자세

출근과 퇴근: 출근 시에는 깨끗하고 단정한 옷차림을 하고 시간에 쫓기지 않도록 항상 여유를 가지고 출근하도록 한다. 출근시간은 최소한 근무 시작 10~15분 전에 도착할 수 있도록 해야 한다. 언제나 아슬아슬하게 출근하거나 지각이 빈번한 사람은 상사나 동료들로부터 신임을 받기 어렵다. 그리고 당일에 마감해야 할 일이 미결상태라면 퇴근시간이 늦어지는 것을 당연하게 여기고 최선을 다한다.

결근과 외출: 직원의 돌발적인 결근은 업무에 적지 않은 지장을 주므로 휴가, 월차, 그리고 결근 등을 할 때에는 사전에 상사에게 승낙을 받은 다음 행정사항을 처리한다. 불가피하게 결근을 해야 할 때에는 전화나 다른 경로를 통해서 이를 업체에 알려야 하며 잦은 결석은 그에 대한 정당한 사유가 있을지라도 절대 하지 않아야 한다.

올바른 근무 자세

올바른 근무 자세는 그 사람을 더욱 아름답게 보이게 하고 고객응대를 제대로 할 수 있다고 고객에게 보여주는 것이기도 하다. 그러므로 근무 중에는 항상 올바른 근무 자세를 유지하는 것이 중요하다.

선 자세: 서 있는 자세는 고객을 응대할 때 가장 기본이 되는 자세로, 선 자세에서부터 시작되므로 고객응대의 시작이자 마지막이라고 할 수 있다. 올바르게 선 자세는 허리와 가슴을 펴고 머리는 곧게, 입가에는 미소를 띤다. 발뒤꿈치를

모으고 양발은 15도 정도로 벌리고 선다. 오른손으로 왼손을 감싸듯이 모아 아랫배에 살짝 대면 정중한 인상을 준다.

앉은 자세: 여성의 올바른 앉은 자세는 턱은 당기고 시선은 앞을 향하며, 양발과 무릎은 붙이고 발끝은 앞을 향하도록 한다. 발은 발끝이 벌어지지 않도록 양다리를 수직으로 내려놓는다. 낮은 의자에 앉을 때에는 무리해서 다리를 수직으로 세우지 말고 무릎을 붙이고 양쪽다리를 비스듬히 좌우 어느 쪽이든지 놓고 발끝도 다리가 놓인 쪽으로 향하면 다리가 길고 아름답게 보인다. 손은 오른손을 위로 해서 살며시 포개서 끝단 위에 올리든지 무릎 위에 팔八자 모양의 형태로 놓는다. 앉아서 업무처리를 할 때에는 등받이와 등 사이에 주먹 한개 정도의 공간을 띄우고 엉덩이는 깊이 앉으며, 책상과 윗몸 사이는 적당한 간격을 두고 앉는다. 이때 등받이에 기댄다든지 턱을 손으로 괸다든지 하는 자세는 하지 않도록 한다.

보행 자세: 정장이나 유니폼처럼 단정한 옷차림을 했을 때는 정돈된 걸음걸이를 한다. 고객을 향해서 걸어가거나 회사 내부를 걸을 때도 바른 자세로 걷는 것은 자신의 품위를 높여주고 타인에게도 좋은 이미지를 줄 수 있다. 등을 곧게 세우고 어깨의 힘을 빼며, 무릎을 곧게 펴고 배를 당기며, 몸의 중심을 허리 높이에 둔다. 턱을 당기고 눈은 자연스럽게 앞을 보며 걷는 방향은 직선이 되도록 한다.

고객응대 및 접대

미용업체에 대한 고객의 첫인상은 맨 처음 만난 직원의 응대가 가장 중요한 부분을 차지하게 되며, 이때 업체의 이미지가 결정된다. 따라서 고객접대는 중요한 업무 중의 하나이며 고객에게 업체에 대한 호감을 가지도록 하는 것이 중요하다.

응대자의 마음가짐

고객이 호감을 가지도록 하기 위한 응대자의 마음가짐은 다음과 같다.

첫째, 고객에게 성의를 가지고 응대한다. 고객응대를 주어진 업무로만 생각하지 말고 사람을 맞이하는 따뜻한 마음가짐을 생활화한다.

둘째, 친절한 마음씨로 응대한다. 고객의 만족과 기쁨이 곧 자신의 만족과 기쁨이라는 생각으로 적극적인 친절을 보이도록 한다.

셋째, 올바른 예절로 응대한다. 마음에도 없는 형식적인 응대를 한다면 그 마음이 상대방에게 무의식적으로 표현되므로 올바른 예절을 갖추어서 응대한다.

넷째, 적극적인 태도를 가지고 고객의 의도를 정확하게 파악한다. 고객이 정확한 정보를 모를 경우 고객의 의도와 용건을 파악하여 자체적으로 처리하거나 담당자에게 친절히 안내한다.

다섯째, 고객의 이름과 성격을 신속히 파악한다. 고객의 특성을 파악하여 이름과 연관시켜 고객의 이름을 빠르게 습득한다.

여섯째, 고객과의 약속은 반드시 지킨다. 한번 정해진 고객과의 약속은 어떠한 경우에도 반드시 지키도록 한다.

일곱째, 고객에게 무관심한 태도를 보이지 않는다. 고객이 오면 하던 일이나 잡담을 중지하고 곧바로 고객을 맞이하여 용건을 신중히 들어준다.

여덟째, 양해를 구하지 않은 상황에서 고객을 기다리게 하지 않는다. 고객을 기다리게 할 때는 미리 양해를 구하고, 부득이 기다리는 시간이 길어지면 중간에 늦어지는 이유와 예상 소요시간을 알려준다.

아홉째, 동료와의 대화에서 고객에 대한 비판을 하지 않는다. 고객의 응대 도중에 동료들과 사담을 나누면 상대방에게 불쾌한 인상을 주므로 고객이 있을 때는 업무 중 동료와의 개인적인 잡담은 삼가며, 또한 다른 고객에 대한 불평은 절대하지 않는다.

열째, 고객과 논쟁하지 않는다. 고객이 무례를 하거나 지나친 태도를 보여도 인내심을 가지고 감정을 억제하면서 차분하게 응대하여 성숙한 자세를 보이도록 한다.

열하나째, 바쁠 때에도 소란스런 모습을 보이지 않는다. 가끔 업무가 분주할 때는 차분하고 정중한 자세를 잃기 쉬우므로 마음을 차분하게 하여 침착하게 업무를 처리하도록 한다.

열둘째, 몸가짐을 항상 단정히 한다. 고객에게 청결하고 산뜻한 이미지를 줄 수 있도록 항상 자신을 관리한다.

고객의 기본적 욕구

고객이 바라는 기본적 욕구는 다음과 같다.

첫째, 고객은 자신을 기억해 주길 바란다.
둘째, 고객은 환영받고 싶어 한다.
셋째, 고객은 관심을 가져 주기를 바란다.
넷째, 고객은 자신이 중요한 사람으로 인식되기를 바란다.
다섯째, 고객은 편안해지고 싶어 한다.
여섯째, 고객은 존경받고 싶어 한다.
일곱째, 고객은 칭찬받고 싶어 한다.
여덟째, 고객은 자신의 기대와 욕구를 수용해 주기를 바란다.
아홉째, 고객은 자신이 주도하고 싶어 한다.
열째, 고객은 고품질의 기술과 서비스를 받고 싶어 한다.

미용인의 자질과 마음가짐

미용 기술에 필요한 전문적인 지식을 이해하고, 꾸준한 연습을 통해 관리 능력을 몸에 익히며, 조형예술의 요소를 가미하여 미적 감각을 익히도록 한다. 또한 긍정적인 사고와 상냥하고 세련된 매너, 성실한 관리자세, 그리고 교양 있는 언어습관 등을 몸에 익혀 미용인으로서 훌륭한 자질을 갖추고 다양한 성향의 고객들에게 신뢰받는 미용인이 되어야 한다.

미용인의 기본 자질

미용인이 갖춰야 할 기본 자질은 다음과 같다.

첫째, 공중보건 지식의 함양이다. 미용에 관련된 공중보건, 위생법규, 소독, 그리고 전염병 등에 관한 지식을 익히도록 한다.

둘째, 미용전문지식과 기술의 습득이다. 미용에 관련된 기초학문과 세부적인 미용기술을 습득하도록 한다.

셋째, 예술 감각의 함양이다. 고객에게 어울리는 스타일링을 조언할 수 있는 미적 감각을 습득하도록 한다.

넷째, 사회성의 함양이다. 고객을 배려하고 윗사람을 공경하며 다른 직원과 잘 어울릴 수 있도록 한다.

다섯째, 정보의 습득이다. 빠르게 변화하는 현대 미용의 트렌드에 대해 여러 매체를 통해 다양한 정보를 수집하도록 한다.

여섯째, 관찰력과 사고력이다. 창의적인 기술을 함양하기 위해 평상시 예리하게 관찰하며 사고할 수 있는 능력을 갖도록 한다.

일곱째, 성실한 태도이다. 부지런하고 지각과 결석이 없는 성실한 태도를 갖도록 한다.

여덟째, 서비스 마인드의 습득이다. 고객을 생각하며 자신을 낮추는 서비스 마인드를 갖도록 한다.

아홉째, 직업에 대한 신념이다. 직업에 대한 프로의식, 주인의식, 그리고 자부심 등을 가지고 열심히 일한다.

미용인의 마음가짐

미용인에 대한 자질이 갖춰지면 무엇보다도 대인서비스업으로서 기본 자질인 서비스맨의 마음가짐이 필요하다. 미용인으로서 실력이 뛰어나더라도 고객에 대한 서비스마인드가 갖춰져 있지 않으면 미용인으로서의 수명은 짧아질 수밖에 없다. 서비스맨이 지녀야 할 마음가짐은 다음과 같다.

첫째, 확고한 직업의식을 가져야 한다. 직업의식이 없이는 서비스 정신이 나올 수 없다.

둘째, 고객의 입장에서 생각해야 한다. 서비스의 주체는 고객이다. 항상 손님의 입장에서 생각해보는 역지사지의 정신이 필요하다.

셋째, 원만한 성격을 가져야 한다. 어떤 사람이든지 성격이 원만한 사람을 좋아한다.

넷째, 긍정의 측면에서 생각해야 한다. 가능할 수도, 불가능할 수도 있을 때는 가능한 쪽으로 선택해야 한다.

다섯째, 고객의 마음에 들도록 노력해야 한다. 자신의 마음에 들도록 애쓰는 사람이 미울 리가 없다.

여섯째, 공사를 구분하고 공평하게 대해야 한다. 서비스맨은 공평의 안경을 쓰고 고객을 대해야 한다.

일곱째, 자기 나름의 원칙을 세워야 한다. 고객을 상대할 때에는 꼭 지켜야 할 자기 나름의 원칙을 세워 마음속에 새겨두어야 한다.

여덟째, 참을 수 있어야 한다. 서비스에 관해서 참는 데에는 한계가 없다.

아홉째, 자신감을 가져야 한다. 고객에게 접근하는 데에 불가결의 요소는 자신감을 가지는 것이다.

열째, 끊임없이 반성하고 개선해야 한다. 서비스맨은 태어나는 것이 아니라 부단한 반성과 개선에 의하여 육성되는 것이다.

미용사는 멋진 직업이다. 다음의 말을 새겨 항상 자부심을 가지고 미용인이라는 직업에 임해야 한다.

첫째, 사회적 지위가 있다.

둘째, 미용도구로 세계 여행을 한다.

셋째, 정년이 없이 일한다.

넷째, 가정과 일을 양립할 수 있다.

다섯째, 장수한다.

여섯째, 자신을 아름답게 만든다.

일곱째, 창조의 기쁨이 있다.

여덟째, 일의 종류가 다양하다.

아홉째, 서로 돕고 산다.

열째, 미를 창조하는 예술인이다.

미용인의 수칙

미용사라는 좋은 직업을 가지고 성공하기 위해서는 다음과 같은 사항을 꼭 지키도록 한다.

첫째, 긍지와 자신감을 가져야 한다. 미용을 직업으로 선택한 것에 대해 자부심을 가지고 프로의 세계로 자신 있게 나가도록 항상 의식한다.

둘째, 전력투구를 해야 한다. 자신이 택한 미용 분야에 자신이 가진 모든 에너지를 투입해야 한다.

셋째, 도전해야 한다. 자신이 가진 무한한 가능성이 실현될 수 있도록 늘 도전해야 한다.

넷째, 극복해야 한다. 엄격함, 괴로움, 후회에 대한 인내, 어려움, 부끄러움, 그리고 슬픔 등을 극복하는 것이야말로 프로로서의 제역할을 다하는 것이다.

다섯째, 스스로 성장해야 한다. 자신의 성장을 타인에게 의지한다면 성숙한 프로가 되지 못한다.

여섯째, 효율적으로 시간을 보내야 한다. 시간을 쓸데없이 보낸다면 초일류의 프로가 되지 못한다. 시간을 금과 같이 생각한다. 시간은 생명처럼 중요하다.

일곱째, 욕망을 가져야 한다. 미용 분야에서 성공하려면 항상 큰 욕망과 신념을 가지고 프로로서 철저하게 살아야 한다.

여덟째, 자기 자신과 싸워야 한다. 다른 사람에게는 온화하고, 항상 자기 자신과 싸우는 마음을 유지해야 훌륭한 프로가 되는 지름길이 보인다.

아홉째, 타성을 멀리 해야 한다. 프로가 타성에 젖은 나날을 보내고 있으면 영광의 날은 결코 오지 않는다.

열째, 감사하는 마음을 가져야 한다. 자기 주변의 모든 사람에게 감사하는 마음을 가지지 않으면 내일의 성공은 없다.

열하나째, 잦은 이직을 하지 않는다. 경박하게 여러 곳의 미용 기업을 전전하지 않는다. 근무처를 바꾸는 것은 자기의 목을 바꾸는 것과 같다.

열둘째, 스승으로 모셔야 한다. 자신이 다니는 숍의 오너를 스승으로 받들고 그분과 같은 사상과 철학을 가지고 살아야 한다.

열셋째, 유홍에 빠지지 않아야 한다. 노는 데에는 홍미를 가지고 즐기기만 하고 너무 깊이 빠지지는 말아야 한다. 빠져버리면 프로 생명을 잃는다.

열넷째, 무사고형 인간이 되지 않아야 한다. 비관적이고 무기력하지 말아야 한다. 타성적으로 헤매는 가운데 오늘의 고민이 해결된다고 생각하는 무사고형 인간이 되지 말아야 한다.

열다섯째, 폭넓은 인간성을 갖춰야 한다. 자신만의 껍질 속 세계에 머물지 말고 시야를 확대하여 폭넓은 인간성을 확립하는 마음가짐을 지녀야 한다.

올바른 미용기업

올바른 기업은 시설과 설비 면에서 쾌적한 환경을 만들어야 하고 직원 개인이 고객에 대한 배려가 있어야 하며 고객이 원하는 미용 관리가 원활하게 진행되어야 한다. 다음은 쾌적한 환경을 위해 필요한 것이다.

첫째, 쾌적한 분위기로 청결해야 하며 정리정돈, 배수, 그리고 환풍 등이 잘되어야 한다.

둘째, 조명은 밝게 하여 얼굴과 색이 다르게 보이지 않아야 한다.

셋째, 고객이 만족할 수 있는 음악을 준비한다.

넷째, 각종 유익한 정보를 제공한다.

다섯째, 깔끔하고 단정한 인테리어를 한다.

여섯째, 대기 장소는 안락하고 편안하게 한다.

일곱째, 고객의 대기시간이 지루하지 않게 잡지, 신문, 그리고 음료 등을 준비한다.

또한 고객에 대한 서비스를 완벽하게 제공할 때 고객은 만족하게 되는데, 접객할 때 필요한 6S는 다음과 같다.

첫째, 진정성sincerity은 고객을 대하는 마음이 성의를 다한다는 의미이다.

둘째, 스마일smile은 고객을 대할 때에는 웃는 얼굴로 대한다는 뜻이다.

셋째, 스피드speed는 고객을 대하는 동작은 민첩하게 한다는 의미이다.

넷째, 스터디study는 언제나 배우는 자세로 임한다는 뜻이다.

다섯째, 스마트smart는 고객을 대하는 용모는 청결하고 산뜻하게 해야 한다는 의미이다.

여섯째, 센스sense는 고객의 심리를 읽는 센스를 지녀야 한다는 뜻이다.

미용업에 따른 접객요령

미용은 헤어, 피부, 메이크업, 네일, 그리고 뷰티코디 등을 통해 사람의 외모를 아름답게 꾸미고 실질적인 건강증진 효과를 창출해 낼 수 있게 하는 것으로, 미용 전반에 걸친 전문 분야에서 자신의 잠재된 가능성까지 개발하고자 한다면 여러 분야를 알아두도록 한다.

헤어 디자이너

헤어 디자이너hair designer는 머리 전체의 모양을 조화롭게 관리하기 위해 모발을 자르거나, 파마, 세팅, 드라이, 그리고 컬러링 등을 하는 것인데, 직접 고객을 대상으로 하기 때문에 창의성이 필요한 미용인이다. 이 분야의 전문인이 되기 위해서는 오랜 실무 경험과 넓은 견문이 요구되고, 고객의 전체 이미지에 맞는 헤어 디자인을 창출할 수 있는 능력도 있어야 한다.

피부 관리사

피부 관리사aesthetician는 고객의 얼굴 및 전신 마사지를 통해 체형을 관리해줄 뿐만 아니라 피부를 건강하고 청결하게 관리하며, 보다 탄력을 유지할 수 있도록 한다. 또한 피부에 대한 인체의 해부생리학적 지식, 다양한 피부 관리의 기술, 피부분석, 그리고 피부미용기기의 사용방법 등을 터득하여 고객에게 적용시킨다.

메이크업 아티스트

메이크업 아티스트make up artist는 뷰티메이크업 아티스트와 분장 아티스트로 분류할 수 있다. 아름답게 보이기 위해 뷰티 아티스트는 트렌드에 맞는 감각과 개인적인 독특한 개성이 창출되어야 하며 패션쇼, 축제, 웨딩, 그리고 각종 이벤트 등에 맞는 메이크업을 습득해두는 것이 좋다.

분장 아티스트는 무대분장, 영상분장, 그리고 특수분장 등이 있다. 얼굴에만 국한되지 않고 머리에서 발끝까지를 변화시키는 종합적인 개념을 내포하고 있어 전문성이 요구되며 새로운 아이디어와 예술적인 감각을 요구한다.

네일 아티스트

네일 아티스트nail artist는 손과 발을 건강하고 아름답게 관리하며 헤어 스타일, 메이크업 및 의상과의 조화를 생각하며 개성적으로 표현하는 분야이다. 손·발톱에 대한 전문지식과 아트를 위한 세련된 컬러와 디자인, 그리고 토털스타일링을 조화시킬 수 있는 예술적인 감각이 요구된다.

토털뷰티코디네이터

토털뷰티코디네이터coordinator는 헤어 스타일, 메이크업, 그리고 네일 등이 전체적인 조화가 되도록 연출하는 토털패션 분야이다. 고객의 외모에 대해 좋은 이미지를 연출하기 위해서는 헤어 스타일 연출, 메이크업 연출, 네일 아트, 그리고 의상코디 등을 실제적으로 표현하고 적용할 수 있어야 한다.

1
토탈뷰티코디네이션

생각해 보기

1. 미용인의 자격에 대해 적어보자.

2. 본인이 지니고 있는 미용인으로서의 장점과 단점에 대해 적어보자.

3. 10년 후 자신의 모습을 설계해보자.

CHAPTER 3

Introduction to Cosmetology

피부과학

피부의 기본 개념

아름다운 피부

피부는 신체의 표면을 덮고 있는 조직으로 단순히 신체를 덮고 있는 외피로서의 역할 이외에도 많은 기능을 수행하고 있는 매우 중요한 기관이다. 일반적으로 피부는 약 $1.6m^2$로 신체 무게의 20%를 차지하고 있으며 일반 성인의 경우 9kg의 중량을 가지고 있다. 피부 두께는 연령, 성별, 그리고 부위 등에 따라 차이가 나는데, 일반적으로 눈꺼풀이 가장 얇고 손바닥과 발바닥이 가장 두껍다. 또한 피부는 단백질, 무기질, 수분 및 지방으로 구성되어 있으며, 이러한 구성성분은 피부의 생리현상과 밀접한 관계를 지니고 있다. 피부는 표피, 진피 및 피하지방층으로 구성되며, 피부 부속기관으로는 한선, 피지선, 모발 및 손발톱 등이 있다.

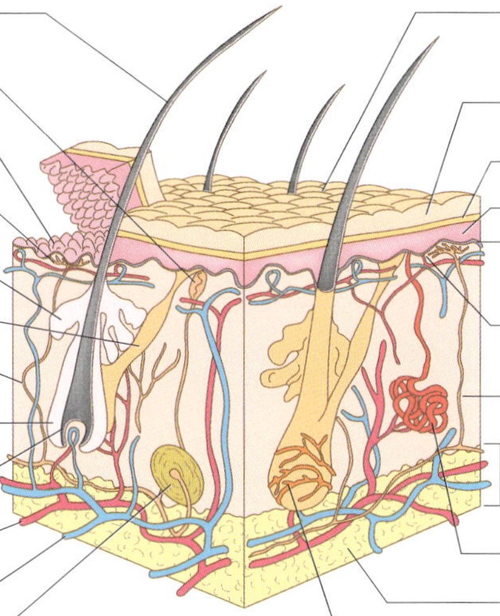

1
피부의 단면

아름다운 피부는 건강한 피부를 말하며, 이는 신체의 모든 조직기능이 건강한 상태에서만 유지될 수 있다. 건강한 피부는 탄력 있는 피부결에 적당한 윤기와 혈색이 있으며, 건강하지 못한 피부는 눈으로 보아도 까칠하고 창백하여 금방 알 수 있다. 그러므로 건강한 피부를 유지하기 위해서는 적당한 운동과 영양 섭취, 그리고 적절한 휴식 등으로 신체의 건강을 유지하고 자신의 피부에 알맞은 화장품을 선택하며 피부손질을 하는 것이 좋다.

피부의 구조

형태학적 구조

피부 표면에는 무수히 많은 가느다란 얇은 줄이 있으며, 이들 줄 사이에는 약간 높은 곳과 우묵한 곳이 존재한다. 이때 피부표면의 우묵한 곳을 피부소구라고 부르며 높은 곳을 피부소릉이라고 하는데, 피부의 결은 바로 피부소구와 피부소릉의 차이로 결정된다.

피부결이 좋다는 것은 피부소릉이 낮고 가지런하며 피부소구가 얕아 섬세한

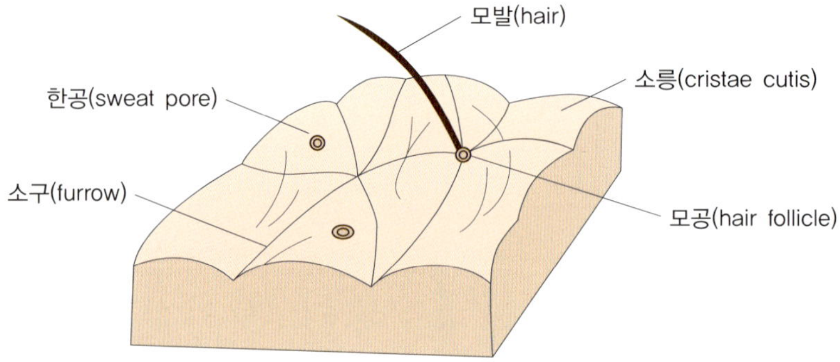

2
피부의 형태학적 구조

그물 모양을 하고 있는 상태를 말한다. 반대로 피부소릉이 높고 피부소구가 깊은 커다란 그물 모양을 하고 있는 경우에는 피부가 거칠어 보인다. 남성들은 일반적으로 여성에 비해 피부소릉이 높고 피부소구가 깊어 피부가 거친 편이다.

피부표면을 잘 관찰해 보면 그물 모양을 하고 있는 피부소구와 피부소구가 서로 만나는 곳에 작은 구멍이 나 있는 것을 볼 수 있는데, 이것을 땀구멍 혹은 모공이라고 부른다. 모공에는 대체로 피부 표면을 향하여 모발이 비스듬히 나와 있다. 반면 피부소릉에는 땀을 분비하는 구멍인 한공이 있어 피부에 수분을 공급해주고 체온을 조절해 주는 기능을 한다.

조직학적 구조

피부를 표면에서 수직으로 잘라 현미경으로 보면 상피조직인 표피와 결체조직인 진피, 그리고 피하지방층으로 이루어진 피부 조직의 단면을 관찰할 수 있다.

표피

표피는 외배엽에서 유래하는데, 말피기층이라고 부르고 살아있는 세포로 구성된 안쪽 부분과 무핵이며 편평하고 건조한 죽은 세포들로 이루어진 각질층인 외곽 부분으로 크게 나눌 수 있다.

각질형성세포: 표피의 주요 구성성분은 각질층, 과립층, 유극층 및 기저층의 4개

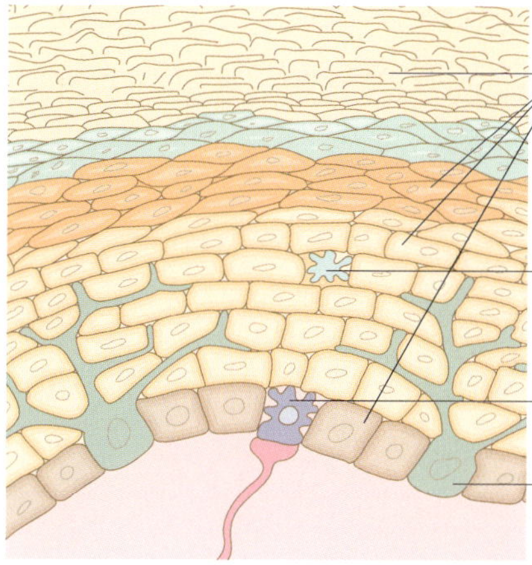

3
피부의 조직학적 구조

층으로 이루어져 있으며 손·발바닥 부위에는 각질층과 과립층 사이에 투명층이 존재한다.

매일 수백만 개의 새로운 세포들이 표피의 기저층에서 형성되고 있으며, 이들은 한 장소에 머무르지 않고 표피의 가장 바깥쪽으로 계속해서 밀려나온다. 이때 표피로 밀려 올라오는 동안에 세포의 모양과 기능이 점점 변해 기저층, 유극층, 과립층 및 각질층으로 변하면서 결국에는 딱딱한 각질로 바뀐다. 각질형성세포의 수명은 약 28일이며, 부위에 따라 조금씩 다르나 매일 수백만 개씩 떨어져 나가고 아래층으로부터 수백만 개의 새로운 세포가 생성되어 올라온다. 인체의 피부표면에서는 노화된 각질세포가 계속 떨어져 나가고 있으며 노화된 피부에서는 각질층이 떨어지는 데 더 많은 시간이 걸리므로 각질층이 두꺼워지게 된다. 따라서 각질형성세포의 기능 저하에 의해 죽은 세포는 더욱 늘어나게 되고, 이것은 잔주름이 늘어나거나 피부가 거칠어지는 원인이 된다.

멜라닌세포: 표피에 존재한 세포의 약 5%를 차지하고 있으며 대부분 기저층에 위치하고 있다. 멜라닌세포의 수는 인종과 피부색에 관계없이 일정하며, 피부색은 멜라닌 소체의 수, 크기 및 분포, 멜라닌화의 정도 및 각질형성세포 내에서 멜라닌 소체의 분해에 의해 결정된다.

랑게르한스세포: 방추형의 세포돌기 형태로 유극층에 대부분 존재하며 주로 피부의 면역에 관계한다. 즉 이들 세포는 외부에서 들어온 이물질인 항원을 면역담당세포인 림프구로 전달해 주는 역할을 한다.

메르켈세포: 기저층에 위치하고 있으며 피부에서 촉각을 감지하는 역할을 하는 것으로 손바닥, 발바닥 및 입술 등의 모발이 없는 피부에서 주로 발견되며 신경세포와 연결되어 촉각을 감지하는 세포로 작용하기 때문에 촉각세포라고도 한다.

진피-표피경계부

기저막으로 이루어져 있고 그 구조는 표피와 하부구조인 진피를 접합시키는 해부학적 기능 단위로 이루어져 있다. 기저막은 표피세포의 부착을 용이하게 하여 지지대로서 역할을 하고 표피의 형성을 조절하며 상처 치유 과정에도 관여하는 기능이 있다.

진피

표피와 피하지방층 사이에 위치하고 피부의 90% 이상을 차지하며 표피 두께의 10~40배 정도인 실질적인 피부이다. 진피는 점탄성을 갖는 탄력적인 조직으로 무정형의 기질, 교원섬유 및 탄력섬유의 섬유성 단백질로 구성되어 있다.

피하지방층

진피에서 내려온 섬유가 엉성하게 결합되어 형성된 망상조직으로 많은 수의 지방세포들이 벌집모양으로 자리 잡고 있다. 이 지방세포들은 피하지방을 생산하여 몸을 따뜻하게 보호하고 수분을 조절하는 기능이 있으며 탄력성을 유지하여 외부의 충격으로부터 몸을 보호하는 기능을 한다. 피하지방층의 두께에 따라 비만의 정도가 결정되며, 피하지방층의 분포 및 두께는 신체의 영양상태, 부위, 성별 및 연령에 따라 매우 다양하다.

피부의 부속기관

피부 부속기관은 에크린한선, 아포크린한선, 피지선, 모발 및 조갑으로 구성된다. 이들은 피부에서 발생한 것이지만 각기 다른 작용을 하고 있으므로 이들을 총칭해서 피부 부속기관이라고 부른다.

한선

땀샘이라고도 하는 것으로 땀을 만들어 피부 표면에 분비하는 기능을 한다.

에크린한선

에크린한선소한선은 태어날 때부터 피부에 생기는 것으로 입술, 음부, 그리고 손발톱 등을 제외한 전신의 피부에 분포하며, 특히 손바닥과 발바닥에 가장 많고 이마, 뺨, 몸통, 팔, 다리의 순서로 분포되어 있다. 에크린한선은 체온 조절에 중요한 역할을 하는 피부 부속기관으로 우리 몸이 열에 의해

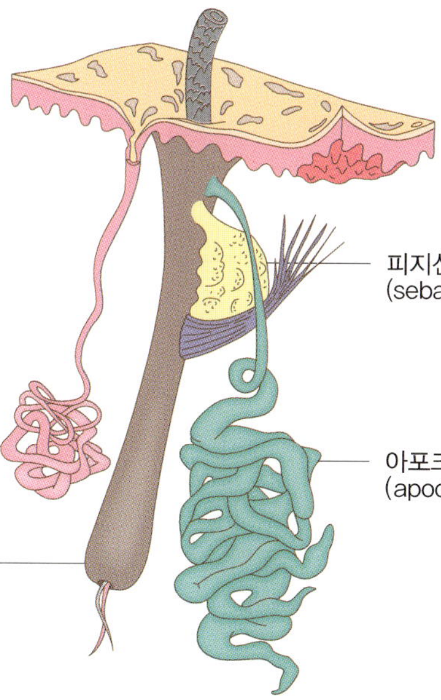

4
피부 부속기관의 구조

스트레스를 받을 때 저장액의 체액을 생산하여 체외로 증발·배출시켜 온도를 떨어뜨리는 기능을 한다.

아포크린한선

아포크린한선대한선은 에크린한선보다 크며 에크린한선처럼 직접 피부 표면으로 열려 있지 않고 모낭과 연결되어 피부의 표면으로 통하게 되어 있다. 또한 진피의 깊숙한 곳에서 시작되므로 에크린한선에 비해 단백질이 많고 특유의 냄새가 난다. 아포크린한선은 태아기에는 거의 전 피부 표면에서 발견되나, 점차 퇴화하여 출생 시에는 귀 언저리, 겨드랑이, 사타구니, 젖꼭지 및 배꼽 주변에만 주로 분포한다.

피지선

피지선은 피부 표면에 지질을 분비하는 피부 부속기관으로 손바닥과 발바닥을 제외한 신체의 대부분에 분포되어 있으며, 특히 얼굴, 두피 및 가슴에 발달되어 있다. 피지선은 작은 주머니 모양을 하고 있으며 여기에 달려 있는 관은 모낭으로 연결되어 모공을 통해 피지가 배출된다. 그러나 입술처럼 얇은 점막에는 모낭이 없기 때문에 직접 피부 표면으로 연결된 피지선을 통해 피지가 분비되는데, 이와 같이 모낭과 무관하게 존재하는 피지선을 독립피지선이라고 한다.

피지는 세균이나 곰팡이균을 방어하는 작용을 하며 피부와 모발에 윤기를 주고 체온의 저하를 막아준다. 피지선의 활성을 조절하는 요인으로는 남성호르몬인 안드로겐이 있으며 나이, 질병 또는 다른 기관의 기능장애 등에 의해서도 영향을 받게 된다. 그 밖에 피지선의 활성에 영향을 미치는 호르몬으로 여성 호르몬인 에스트로겐이 있으며 외부에서 다량의 에스트로겐을 투여하면 피지선을 위축시킨다. 피지의 양은 피지선의 활동에 좌우되지만 실제 피지선의 크기나 활동성은 사춘기 때 급속하게 증가하며 남성은 60대부터, 여성은 40대부터 감소하게 된다.

모발

모발은 케라틴이라는 경단백질로 구성되어 있으며 총 18종의 아미노산으로 이루어져 있다. 모발의 종류에는 연모, 체모, 그리고 종생모 등이 있다. 연모는 솜털이라고 하고 전신의 피부에 나 있는 섬세한 털을 말하며 체모는 음모나 턱에 나는 수염을 말하고 색이 진한 짧고 굵은 털이다. 종생모는 색이 진하고 길이가 긴 털을 말하며 멜라닌 색소를 다량 함유하고 있다.

조갑

손톱은 전문적인 용어로 오닉스onyx라고 하며 손톱의 성장은 매트릭스matrix에서 시작되며 네일루트가 손톱의 심장부이다. 1개월에 3mm 정도 자라며 손톱이 완전히 자라는 기간은 6개월 정도이지만 나이나 건강상태, 그리고 계절 등에 따라 개인차가 있는데, 제일 빨리 자라는 손톱은 중지이다. 약지, 검지, 엄지순으로 자라며 제일 늦게 자라는 손톱은 소지이다.

피부과학의 영역

피부의 기능

피부는 여러 가지 기능을 하는데, 피부 생리 기능, 피부 흡수 기능, 피부 호흡 기능, 피부의 pH, 그리고 피부 장벽 기능 등이 있다.

피부 생리 기능

피부는 인간의 신체를 감싸서 외부의 자극으로부터 신체를 보호하고 신체의 작용을 주위의 변화에 순응시키는 역할을 한다. 피부는 또한 항상 신체 내부의 작용과 연결되어 있어 생명의 유지에 중요한 기능을 한다. 이러한 피부의 주요 기능에는 보호, 체온 조절, 감각, 분비·배설, 비타민 D 형성, 표정, 그리고 재생 및 면역 작용 등이 있다.

보호 작용

피부의 최외층인 각질층과 지질은 외부로부터의 물리적인 자극에 대한 방어 역할, 화학적 자극에 대한 보호 기능, 세균 침입에 대한 보호 기능, 그리고 태양 광선에 대한 보호 기능 등을 하고 있다.

체온 조절 작용

피부는 체온을 조절하는 역할을 담당하고 있으며 신체에서 발산되는 열량의 70%는 피부를 통해 발산되고 나머지는 호흡을 통해 발산된다.

피부표면의 피지막은 체온의 발산을 막으며 또 외부의 온도가 그대로 피부 내로 전해지지 않도록 조절하고 있다. 그러나 피부의 체온 조절 작용은 주로 모세혈관과 한선에 의해서 이루어지는 것인데, 모세혈관의 수축 또는 확장에 의해서 체온 조절을 하거나, 한선에서 땀을 분비하게 하여 체온 조절을 하는 등 중요한 역할을 하고 있다.

감각 작용

피부의 감각기관에는 온각, 냉각, 통각, 촉각 및 압각이 있는데, 피부는 인체의 곳곳에 흩어져 있는 감각기들을 이용하여 위험이 다가오는 것을 감지하여 신체를 보호하게 된다.

피부의 감각을 받아들이는 신경의 말단은 표피, 진피, 피하조직 및 모낭의 주위에 분포되어 있다. 감각신경의 말단은 가지 형태로 된 것과 일정한 형태를 가진 것이 있으며 이들의 신경 말단이 자극되면 아프거나 가렵거나 따뜻하거나 차거나 접촉을 통한 감각을 느끼게 된다.

촉각은 촉점이 많은 손가락 끝, 입술 및 혀끝이 예민하며, 촉점의 분포가 적은 등 부분은 둔감하다. 온각과 냉각이 가장 예민한 부분은 혀끝이며, 다음으

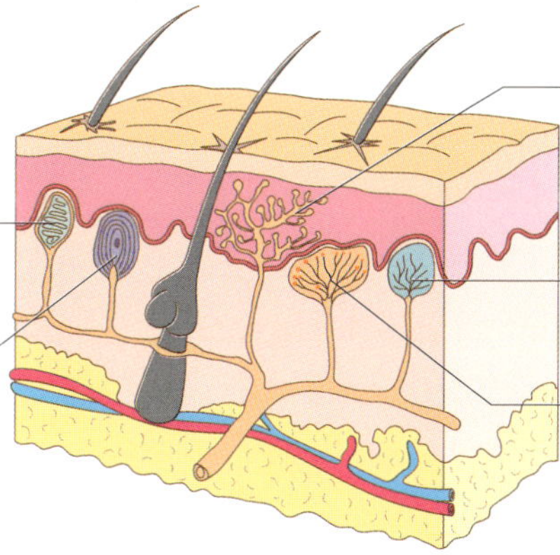

5
피부의 감각신경

로는 눈꺼풀, 이마, 뺨, 입술 등이다. 통각은 피부에 통증을 느끼게 하는 감각으로 가벼운 통증은 가려움을 동시에 유발한다. 가려움은 피부의 온도가 내려가면 완화되고, 피부의 온도를 높이거나 따뜻하게 하면 더욱 심해진다. 따라서 피부의 가려움을 막기 위해서는 피부를 차게 하거나 시원하게 하는 것이 좋다. 압각은 피부를 압박하였을 때 느껴지는 감각으로 적게 하면 오히려 간지러움으로 느껴지는데, 이는 발 마사지를 행할 경우 너무 약한 압력으로 누르게 되면 간지러움이 생기는 것과 같다.

분비·배설 작용

성인의 하루 피지 분비량은 대략 1~2g으로, 피지 분비량은 신체의 부위에 따라 다르며, 이마, 가슴, 등 부위가 비교적 많다. 피지의 분비는 피부 표면에 있는 피지막의 두께에 의해서도 지배되는데 피부표면에 일정한 두께의 피지막이 있으면 피지 분비가 정지되었다가 적어지면 다시 지방막이 일정한 두께가 될 때까지 분비가 계속된다. 비누 등으로 피부 표면의 피지막을 완전히 제거하면 피지의 분비가 높아져서 1시간 후에는 약 50%가 회복되고 3~4시간 후에는 원래의 두께에 도달된다. 또한 발한이 심해지면 피부 표면의 피지가 땀과 함께 흘러내려서 지방막이 일정한 두께를 유지할 수 없게 되는데, 이때 피지 분비가 증대한다.

손바닥, 발바닥, 겨드랑이에서 나오는 땀은 온도와 관계없이 정신적인 영향에 의해 일어난다. 흥분되거나 긴장된 상태로 스포츠를 보는 경우 손에 땀을 쥐는 것은 정신적인 자극에 의해 일어나는 것이다. 또한 신맛이나 매운맛을 경험할 때에도 이마와 콧등에 땀이 많이 분비된다. 땀의 성분은 대부분 99%의 수분으로 이루어져 있으며 나머지 1%는 소금과 요산이다.

비타민 D 형성 작용

비타민 D는 표피 내에서 만들어진 프로비타민 D로부터 일광 중의 자외선에 의해 만들어진다. 이때 생성된 비타민 D는 칼슘의 흡수 촉진과 인의 대사에 관여하여 뼈의 발육을 도와주는 작용을 할 뿐만 아니라 일광으로 인한 피부염의 치유에도 관여한다.

표정 작용

얼굴에 있는 표정근의 작용에 의해 의사나 감정을 나타내는데, 부끄러울 때는 얼굴을 붉히며, 화가 났을 때에는 온몸의 피부가 빨개지고, 놀랐을 때는 새파랗게 되는 등 피부는 희로애락을 표현해준다.

재생 작용

피부는 상처를 입어도 완전하지는 않지만 곧 원래의 모양으로 되돌아가는데, 이러한 기능을 피부의 재생력이라고 한다. 성형외과에서 피부 이식수술이나 성형수술을 할 수 있는 것은 피부의 재생력 때문이라고 할 수 있다. 그러나 상처가 진피층까지 진행된 경우에는 흉터가 발생하기도 하며 또 진피층의 결합조직이 과도하게 증식되어 주변에 비해 흉터부위가 비대해지는 경우가 있는데, 이를 켈로이드라고 한다. 이러한 피부는 성형, 문신, 그리고 점 빼기 등은 하지 않아야 한다.

면역 작용

피부의 표피에는 면역 반응에 관련하는 세포들이 있어 면역 반응을 통해서 생체방어기전에 관여하는데, 생체방어기전은 생물개체, 조직 및 세포가 스트레스, 이물, 그리고 병원체 등에 공격을 당할 때에 나타나는 반응의 총칭을 말한다.

피부 흡수 기능

피부 흡수는 외부로부터 접촉된 물질이 피부를 통과하여 혈관으로 흡수되는 현상으로 피부의 최외층인 각질층에 의해 조절되는 수동적 확산 현상을 말한다. 피부를 통한 흡수는 표피를 통한 흡수와 피부 부속기관을 통한 흡수로 구분된다.

피부의 흡수에 영향을 주는 요인에는 수분, 피부온도, 농도, 용해도, 분자량, 용제, 점도, 극성, 순도, 용량, 그리고 pH 등의 물리화학적 요인이나 피부상태, 연령, 혈류량, 피부부위 등의 물리적 요인이나 개체 간 차이와 성별 차이의 생물학적 요인, 계절, 습도, 그리고 기온 등의 환경적 요인 등이 있다.

피부 호흡 기능

피부는 신체의 건강한 상태를 유지하기 위해 산소 흡입과 이산화탄소 방출 등이 필요하며, 이러한 피부 표면을 통한 산소의 흡수와 이산화탄소의 방출을 이용하여 에너지를 생산하는 일련의 과정을 피부 호흡이라고 한다. 피부 호흡에 영향을 주는 요인은 온도, 습도, 주위 대기 중의 산소압의 변화와 이산화탄소압의 변화, 연령과 성, 그리고 신체 부위 등이 있다.

피부 pH

pHpower of hydrogen ions/potential hydrogen는 수용액 중의 수소이온 농도를 지수함수로 표시하는 단위이나 건조한 피부의 표면에서는 실제 pH값이 존재하지 않으므로 일반적으로 일정한 용액에 녹아들어가는 피부 표면의 수소이온 농도를 피부의 pH로 정의하고 있다. 피부의 pH는 피부의 피지막 pH를 의미하는 것으로 pH

5~6으로 약산성이다.

피부의 pH는 신체 부위, 피부층, 성별, 연령, 그리고 인종 등에 따라 달라지며 계절, 기후, 목욕 및 세수조건, 화장품, 소화기능, 그리고 영양상태 등 외부여건의 영향을 받는다. 피부 표면에서 진피 쪽으로 갈수록 높아지며, 신생아나 노년기에 비해 피부신진대사가 왕성한 20대는 낮다.

일반적 pH지수는 남자 피부 5.2, 여자 피부 5.8, 어린이 피부 6.5, 화학적 중성 피부 7.0, 여드름 피부 7.5, 그리고 아토피 피부 8.0 등이다. 성인 남성의 경우는 여성보다 pH가 낮으며, 여성의 경우는 월경 전후에 pH가 낮아진다.

피부 장벽 기능

피부의 가장 바깥층에 위치하고 외부와 직접적으로 접촉되어 있는 각질층은 피부를 통한 내부의 수분과 전해질의 손실을 막고 외부로부터의 유해인자를 막아 피부가 정상적인 기능을 할 수 있도록 하는 장벽기능을 수행한다.

피부 타입

피부의 유분량피지량과 수분량을 통해 결정되는 피부 타입은 흔히 유분량이나 수분량이 부족한 건성 타입, 유분량이 과다한 지성 타입, 유·수분량이 적당한 중성 타입, T존과 U존의 피부상태가 다른 복합성 타입으로 분류할 수 있다.

건성 타입의 경우 유·수분량의 부족으로 인해 피부가 건조하고 윤기가 없으며, 지성 타입의 경우 과다한 피비 분비량에 의해 피부가 번들거리고 지저분해지기 쉬우면서 모공이 커서 피부결이 거칠고 피부가 두꺼워 보인다. 이에 비해 중성피부는 유·수분량이 적절하여 피부 당김이나 번들거림이 없는 이상적인 피부라고도 할 수 있지만 오히려 환절기 등 계절변화에 따라 피부 변화가 많이 나타날 수 있으므로 역시 세심한 관심이 필요한 피부 타입이다.

피부색

사람의 피부색은 인종과 지역, 성별 및 개인에 따라 각기 다르며, 동일인에서도 부위와 계절별로 다르고 또한 건강상태나 스트레스에 의해서도 변화한다. 피부의 색은 표피에 존재하는 멜라닌세포에서 생성하는 멜라닌 색소의 양과 분포에 의해서 거의 결정되며 그 밖의 진피의 혈관 속에 함유된 헤모글로빈과 피하조직의 카로틴과 같은 색소의 양, 피부의 두께와 반사도 및 혈류량 등의 요인에 의해서도 영향을 받는다. 그 중에서도 가장 중요한 역할을 하는 것이 멜라닌으로 멜라닌의 생성에는 수많은 인자들이 영향을 미치는데, 그 중 자외선은 멜라닌 생성에 가장 중요한 역할을 한다.

일반적으로 여성보다 남성, 젊은 층보다 고령층이 색소가 더 많으며, 부위별로는 손바닥과 발바닥에는 색소가 적고 안면이나 음낭, 음순, 항문 주변과 같은 생식기 계통, 그리고 유두 등에는 색소가 많다.

피부색소 이상 증상에는 멜라닌 색소가 정상보다 적게 생성되는 백반증과 백색증의 저색소침착증과 기미, 주근깨, 오타씨 모반, 그리고 사마귀 등의 과색소침착증으로 나눌 수 있다.

피부 노화

생명체의 노화 과정에 대한 주요 이론은 태어날 때부터 이미 유전자상에 정보화되어 있고 이 정보에 따라 생명체 노화가 진행된다는 것과 다른 하나는 주위 환경에 의한 손상이 유전자와 세포 조직에 누적되어 생물체의 전체 기능이 손상된다는 것이다. 하지만 노화는 어느 한 요인에 의해서만 진행되는 것이 아니라 여러 요인이 복합적으로 작용하여 진행된다고 보는 것이 일반적이다.

피부 노화는 피부의 이상 현상이나 피부질환은 아니며 나이가 들어감에 따라 시간의 진행에 비례하여 일어나는 퇴행성 변화로 자연스런 현상이다. 외적 형태의 변화로는 피부의 건조, 피부의 늘어짐, 그리고 주름 등이 있으며, 피부 질환으로는 지루 각화증이나 흑점 등이 있다. 주름을 생성하는 원인에는 자외선, 건조 및 물리적·화학적 자극 등 환경요인에 기인하는 피부 스트레스와 각질층의 수분량 저하, 각질층의 비대, 표피의 수축 및 피부의 탄력성이나 신축성의 저하가 주름 생성에 관여하고 있다. 피부 늘어짐 현상은 주로 40세 전후하여 이마, 눈꺼풀 및 뺨 등에 생기며 주름과 마찬가지로 진피의 탄력성 저하나 피하지방 조직의 지지력 저하 및 피부를 받쳐 주는 근력의 저하 등을 들 수 있다. 또한 피부의 노화에 따른 변화로서 색소 침착도 진행되는데, 이로 인해 피부색의 명도는 저하되고 색상은 적색에서 황색으로 변한다. 피부노화의 요인에는 내인성 노화, 광노화, 열노화, 흡연에 의한 노화, 그리고 갱년기에 따른 노화 등이 있다.

피부와 자외선

자외선은 1801년 독일의 화학자 J. W. 리터가 자외선이 가지는 사진작용, 즉 사진의 감광판에 전자 빔을 쬐어 현상하면 빛을 비쳤을 때와 같이 감광되어 검게 되는 작용을 처음 발견하였다. 자외선은 가시광선의 보라색보다 짧은 광선이란 의미에서 'UVultraviolet'라고 한다.

자외선에 피부가 노출되면 8~24시간 후에 각질형성세포가 활성화되므로 일광화상세포가 출현하며 랑게르한스세포도 손상을 받거나 수가 감소하여 면역력이 저하되어 지연형 과민증이나 종양이 발생하기도 한다. 그리고 멜라닌형성세포의 활성화로 멜라닌 생성을 촉진한다. 임상적으로 자외선은 피부에서의 비타민 D 합성을 유도하는 중요한 역할도 있으나 홍반반응, 일광화상 및 색소 침착을 유발하며 직접적인 광독성이나 광알레르기 반응을 일으키는 등 거의 유해한 작용을 하고 있다. 만성적인 노출 시에는 광노화와 피부암 발생 등을 더욱더 촉진한다.

자외선으로부터 피부를 보호하기 위한 중요한 외용제로 최근 많은 종류의 자외선 차단제가 개발되고 있으며 현재 화장품과 생활용품 시장의 중요 부분을 차지하고 있다. 태양광선을 반사하는 것과 유해 자외선을 여과하는 기능을 지닌 차단제가 있으며 자외선 차단제품은 태양광의 자외선을 막아 피부가 노화되고 피부암이 생기지 않도록 하는 기능을 가지고 있으며 SPFsun protection factor지수가 표기되어 있다.

피부질환

피부의 병적인 상태를 총칭하는 것으로 피부병이라고도 한다. 피부장애에는 발진이 있는데, 인체의 내·외적 원인에 의해 유발되거나 피부에 나타나는 모든 육안적 변화를 발진이라고 하며, 건강한 피부에 최초로 발생되는 1차적 장애를 원발진이라고 하고, 이들이 계속 진행하거나, 회복, 외상 및 그 밖의 외적 요인에 의해 변화된 병변을 속발진이라고 한다.

또한 피부는 신체의 표면을 덮고 있으므로 외부로부터 자극이나 여러 병원체에 직접 접촉될 기회가 많기도 하고 체내로부터 영향을 받아 여러 가지 질환들이 나타나게 되는데 물리적 인자로 인한 피부질환, 열에 의한 피부질환, 한랭에 의한 피부질환, 그리고 기계적 손상에 의한 피부질환 등이 있다. 이것은 의료영역이므로 피부질환이 발생될 경우에는 피부과 전문의에게 상담을 받는 것이 좋다.

생각해 보기

1. 피부의 생리 기능에 대한 정의와 기능을 적어보자.

2. 본인의 피부 타입에 대해 알아보자.

3. 건강한 피부를 유지할 수 있는 방법에 대해 알아보자.

CHAPTER 4

Introduction to Cosmetology

색채학

색채의 기본 개념

색이론

빛과 색

빛은 전자파라고 하는 파장 에너지의 일부이며, 색은 빛에 의해 생기는 물리적 지각현상이다. 빛은 프리즘을 통과하는 백색광이 더 이상 나누어질 수 없는 단색광으로 분해되는 것이다. 굴절하는 각도에 따라 파장별 고유 색상인 빨간색, 주황색, 노란색, 초록색, 파란색, 남색 및 보라색의 띠를 보여주는데, 이것을 스펙트럼이라고 한다.

파장의 특성으로 인해 하늘의 색이 달라지는 것을 볼 수 있다. 낮에는 빛이 공기 중의 수분 입자나 먼지에 부딪혀 단파의 산란작용이 일어나 파란 하늘을 볼 수 있으며, 저녁에는 해가 기울면서 빛이 통과해야 하는 대기층의 거리가 길어져서 투과

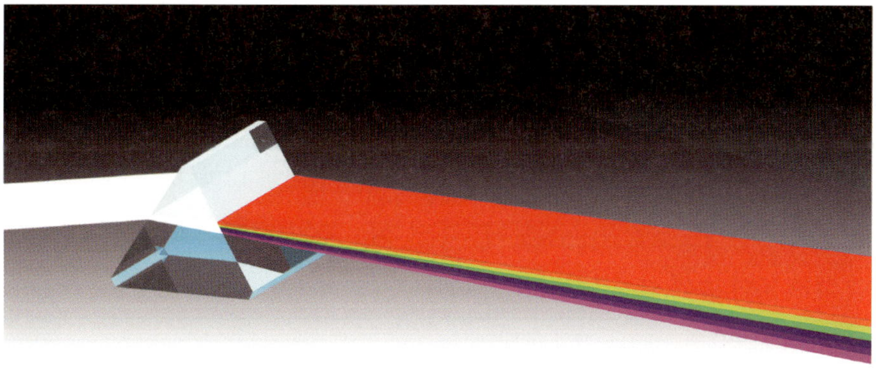

1
스펙트럼

율이 높은 장파만이 눈에 들어오기 때문에 붉은 노을이 진 하늘을 볼 수 있는 것이다.

색채지각

색채지각이란 색을 보거나 인지하는 과정으로 색을 지각하기 위해서는 광원인 빛, 대상 물체, 시각기관인 눈, 그리고 인지기관인 대뇌작용 등이 필요하다.

색은 빛이 눈에 들어와 눈의 망막기관 중 시신경을 자극하여, 이를 뇌의 시각

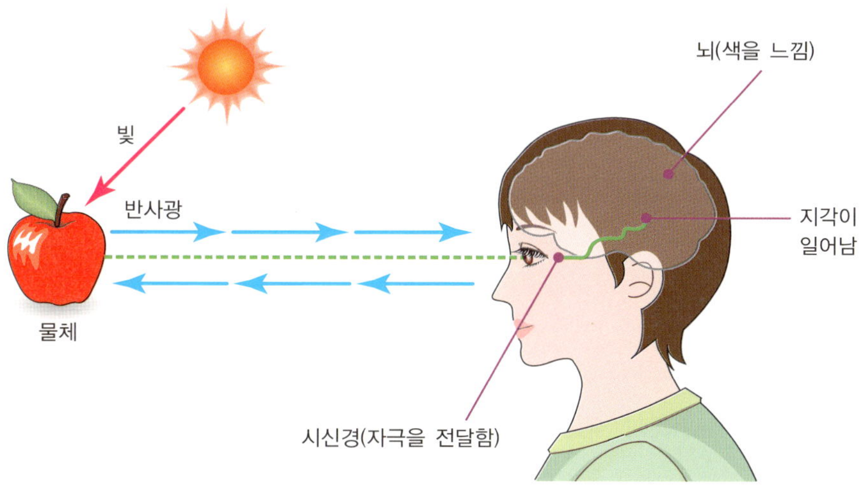

2
색채지각

중추에 전달하여 나타나며 빛은 어떤 물체의 표면 특성에 따라 흡수 또는 반사하게 되는데, 이때 반사되는 빛의 파장이 우리 눈에 물체의 색으로 지각된다. 물체가 빛의 파장을 모두 반사할 경우에는 흰색으로 나타나며, 모두 흡수할 경우에는 검은색으로 보인다. 풍부한 환경 속에서 광원으로 나타나는 색은 약 750만 가지나 되지만 눈으로 식별할 수 있는 색은 300여 종이며 일상생활에 필요한 색은 50여 종에 불과하다.

색의 분류

색의 삼속성

색의 삼속성은 색상hue, 명도value 및 채도chroma를 말하는 것으로, 색상은 색을 구별하기 위한 색의 명칭으로 유채색에만 해당된다. 명도는 색의 밝고 어두운 정도를 말하는 것으로, 유채색과 무채색에 모두 있다. 가장 밝은 흰색은 고명도이며, 가장 어두운 검은색은 저명도이다. 채도는 색의 순수한 정도를 나타내는 것으로, 색의 맑고 탁한 정도를 나타내며 유채색에만 있다. 색상에서 채도가 가장 높은 색을 순색이라고 한다.

무채색과 유채색

무채색은 흰색, 회색, 그리고 검은색 등에 속하는 계열의 색으로 색기미가 없으며, 색의 삼속성 중 명도만 있다. 유채색은 무채색을 제외한 빨간색, 노란색, 파란색 등과 같이 색감을 가지고 있는 모든 색으로 색상, 명도, 그리고 채도 등 색의 삼속성을 가지고 있다.

색혼합

감법혼색

색료의 혼합에 의해서 새로운 색을 얻는 것을 말하며 혼합 결과는 기본색보다

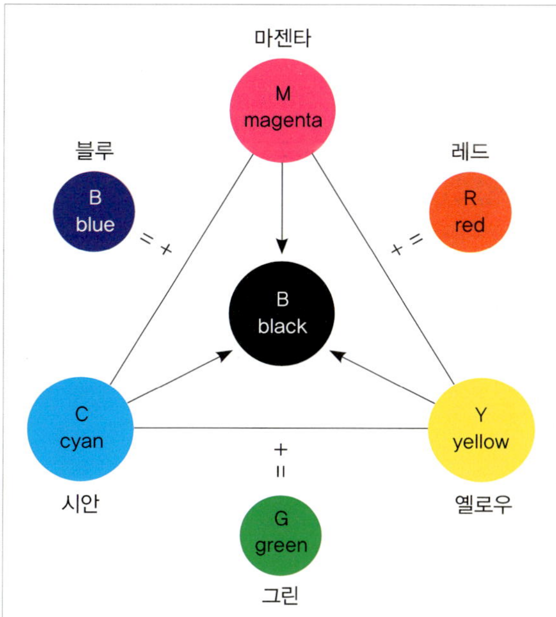

3 4

3
감법혼색

4
가법혼색

어둡고 칙칙해진다. 안료, 컬러 슬라이드필름 등에 사용된다.

가법혼색

색광의 혼합을 말하는데 색의 혼합이 많을수록 더욱 밝아지는 것으로 모두 합치면 흰색 빛이 된다. 무대의 조명, 컬러 TV, 그리고 색유리 등을 통한 빛이 스크린에 사용된다.

중간혼색

가법혼색의 일종으로 2가지 또는 그 이상의 색이 섞여서 혼합한 색의 명도가 중간 정도의 밝기를 나타내는 원리를 이용한 것이다. 물리적인 혼합이 아닌 눈의 망막에서 일어나는 착시적 혼합이며 채도는 변화가 없고, 회전혼색과 병치혼색이 있다.

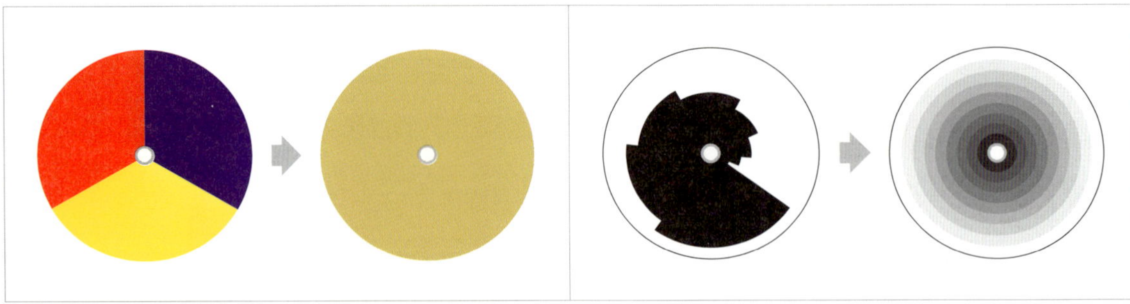

병치혼색 패턴

병치혼색 패턴의 확대

5
6

5
회전혼색

6
병치혼색

회전혼색은 하나의 색면에 2개 이상의 색을 배열하여 빠른 속도로 회전하면 색이 혼합되어 1가지 색으로 보인다. 색팽이, 풍차, 레코드플레이어, 그리고 바람개비 등이 있다.

병치혼색은 여러 색의 작은 점을 빽빽하게 집합하거나 배치하여 혼색하는 방법으로 보색관계의 병치혼색은 회색으로 보인다. 모자이크, 점묘법, 직물, 그리고 컬러사진 등이 있다.

색명

색명이란 색이름을 표시하는 표색의 일종이며 색감과 직결되어 있기 때문에 부르기 쉽고 기억하고 상상하기 쉬워서 일반적으로 사용된다.

기본색명

한국산업규격(KS A0011)에 제시되어 있는 기본적인 색의 구별을 나타내기 위한 기본색 이름으로, 2003년 개정판에 의하면 12개의 유채색과 3개의 무채색 기본색명을 규정하고 있다. 유채색의 기본색명은 빨간색, 주황색, 노란색, 연두색, 초록색, 청록색, 파란색, 남색, 보라색, 자주색, 분홍색과 갈색이며, 무채색의 기본색명은 하얀색, 회색, 검은색이다.

계통색명

기본색명에 수식어를 붙여 표현하는 방법으로 색상에 관한 수식어는 빨간reddish, 노란yellowish, 초록빛greenish, 파란bluish, 보랏빛purplish 등 기본 명사형의 형용사 어미나 '~빛'으로 표현한다.

명도와 채도의 차를 표현하는 수식어로는 흰whitish, 밝은 회색의light grayish, 회색의grayish, 어두운 회색의dark grayish, 연한pale, 흐린soft, 탁한dull, 어두운dark, 검은blackish, 밝은bright, 진한deep, 선명한vivid 등이 있다.

유채색의 기본색명에 명도 및 채도에 관한 수식어를 붙여 '선명한 빨강', '연한 빨강', 그리고 여기에 색에 관한 수식어를 붙여 '선명한 분홍빛 빨강'이라 표현한다. 무채색도 색감이 있는 경우에는 무채색의 기본 색이름에 색상의 수식어를 붙여 '빨간 회색'이라 표현한다.

관용색명

예로부터 관습적으로 사용한 색명으로 일반적으로 이미지의 연상어로 만들어지거나, 이미지의 연상어에 기본적인 색명을 붙여서 만들어진 것으로, 식물, 동물, 그리고 광물 등의 이름을 따서 붙인 것과 시대, 장소, 그리고 유행 등에서 유래된 것이 있다.

색채의 대비

색상대비

색상이 다른 두 색을 동시에 이웃하여 놓았을 때 두 색이 서로 영향을 주어 색상 차가 나는 현상이다. 1차색끼리 잘 일어나며, 2차색과 3차색이 될수록 그 대비 효과는 적게 나타난다.

7 8

7
색상대비

8
색상대비가 나타난 단청

명도대비

명도가 서로 다른 색들끼리의 영향에 의해 밝은 색은 더 밝게, 어두운 색은 더 어둡게 보이는 대비효과로 명도의 차이가 크면 클수록 대비가 강해지는 현상이다. 모든 색채에서 적용되며 인간의 감각은 색채대비 중 명도대비에 가장 민감하다.

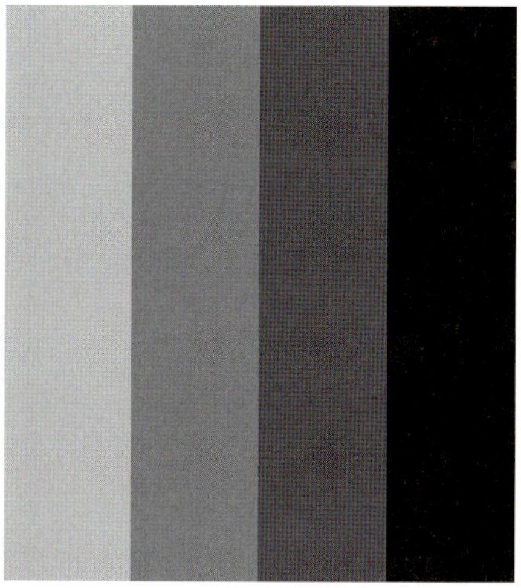

9 10

9
명도대비

10
명도대비가 나타난 민화

채도대비

색채가 지닌 순수한 정도의 차이로 본래의 색상이 더 선명하게 보이거나 탁하게 보이는 현상이다. 채도가 다른 두 색을 인접시켰을 때 서로의 영향으로 인해 채도가 높은 선명한 색 위에 채도가 낮은 탁한 색을 놓으면 선명한 색은 더욱 선명하게 보이고 탁한 색은 더욱 탁하게 보이는 현상이다. 색상이 없는 무채색에는 채도대비가 일어나지 않는다.

11 12

11
채도대비

12
채도대비가 나타난 그림

보색대비

색상환에서 마주 보는 위치에 있는 색의 대비를 말하며, 이 두 색이 혼합되면 무채색이 만들어지는 현상이다. 보색대비는 서로의 색을 방해하지 않고 가장 순수하고 생기 있게 보이도록 최고의 선명함을 나타내어 채도를 높여준다. 빨간색과 초록색, 노란색과 보라색, 파란색과 주황색은 보색관계이다.

13
보색대비

14
재상 니콜라 롤랭의 성모

면적대비

면적대비는 같은 색채가 면적비에 따라 다르게 느껴지는 현상으로 일반적으로 면적이 커지게 되면 명도와 채도가 증대되어 그 색은 실제보다 더 밝게, 더 선명하게 보이게 된다. 즉 명도가 높은 색상은 면적을 좁게 하고 명도가 낮은 색상은 면적을 넓게 하며, 채도가 높은 색상은 면적을 좁게 하고 채도가 낮은 색상은 면적을 넓게 배분하는 것이 시각적으로 균형 있는 색면을 구성하는 방법이다.

15
16

15
면적대비

16
추락하는 이카루스가 있는 풍경

동시대비

동시대비는 2가지 색 이상을 동시에 볼 때 일어나는 대비현상으로 원래의 색이 주변색의 영향에 의해 실제 색과 다르게 보는 현상이다. 즉 실제의 색과 지각된 색채 간의 차이를 의미한다. 중성색이나 회색은 색채가 갖는 강도가 매우 약하기 때문에 주변색으로부터 많은 영향을 받으며 동시대비가 크게 나타나는 색이다.

17 18

17
동시대비

18
성세바 묵시록

한난대비

한난대비는 색채 간의 차이를 느끼게 되는 주된 요인이 따뜻함과 차가움의 지각효과에 의한 현상이다.

19 20

19
한난대비

20
샤르트르대성당의 스테인드 글라스

색의 효과

색의 심리적 효과

색의 온도감

색으로 인해 느끼는 따뜻함과 차가움의 감정을 나타내는 것으로 온도감은 주로 색상에 의해 좌우되며, 난색은 따뜻하게 느껴지고 한색은 차갑게 느껴진다.

색의 중량감

색에 따라 무겁거나 가볍게 느껴지는 것으로 명도의 차이에 의해 크게 좌우되고, 난색 계열은 가벼운 느낌을 주며, 한색 계열은 무거운 느낌을 준다.

색의 경연감

색채로 느껴지는 딱딱한지, 부드러운지에 대한 심리적인 느낌으로 고채도의 한색 계열은 단단하게 느껴지며, 난색 계열의 저채도 색은 부드럽게 느껴진다.

색의 흥분과 진정

몸과 마음을 흥분시키거나 진정시키는 작용으로 흥분색, 진정색, 그리고 중성색 등이 있다. 흥분색은 인간의 감정을 자극하여 흥분시키는 색으로 대체로 빨간색, 오렌지색, 노란색 등의 난색이 이에 속한다. 반대로 인간의 기분을 차분하게 가라앉히는 색을 진정색이라고 하는데, 일반적으로 청색 계통의 한색이 바로 이러한 색이다.

21
색과 시간감

색과 시간감

색에 따라 시간이 길고 짧게 느껴지는 현상으로, 난색에서의 시간은 길게 느껴지며, 한색에서의 시간은 짧게 인지된다.

색과 계절

자연의 색채는 계절에 따라 변하며 특히 우리나라처럼 사계절이 뚜렷한 나라에서는 계절에 따라 변하는 다양한 자연의 색채를 느낄 수 있다.

봄은 만물이 소생하고 싹트는 어린아이와 같은 이미지를 가지고 있어 어린 새싹에서 느껴지는 맑고 화사한 색상이 주를 이룬다.

여름은 가장 활기 있고 힘을 느끼게 하는 계절로 젊음을 느낄 수 있다. 봄에 이어진 색상들이 완성도를 이루어 색의 채도가 높아지는 계절로 시원함을 느낄 수 있는 색이다.

가을은 단풍의 화사한 이미지도 있지만 여유를 가진 갈색톤의 안정된 이미지를 풍긴다.

겨울의 이미지는 만물이 쉬는 시기로 활기 있던 자연의 색조가 없어지거나 약해진다. 계절을 대표하는 색은 눈을 상징하는 흰색이다.

22
사계절의 색

봄

여름

가을

겨울

색과 맛

색으로 인해 느끼는 공감각의 한가지로 음식의 맛을 연상시켜 느끼게 되는 감정이다. 파버 비렌Faber Biren은 식욕을 돋우는 대표적인 색을 주황색이라고 하였다.

23
맛의 이미지 스케일

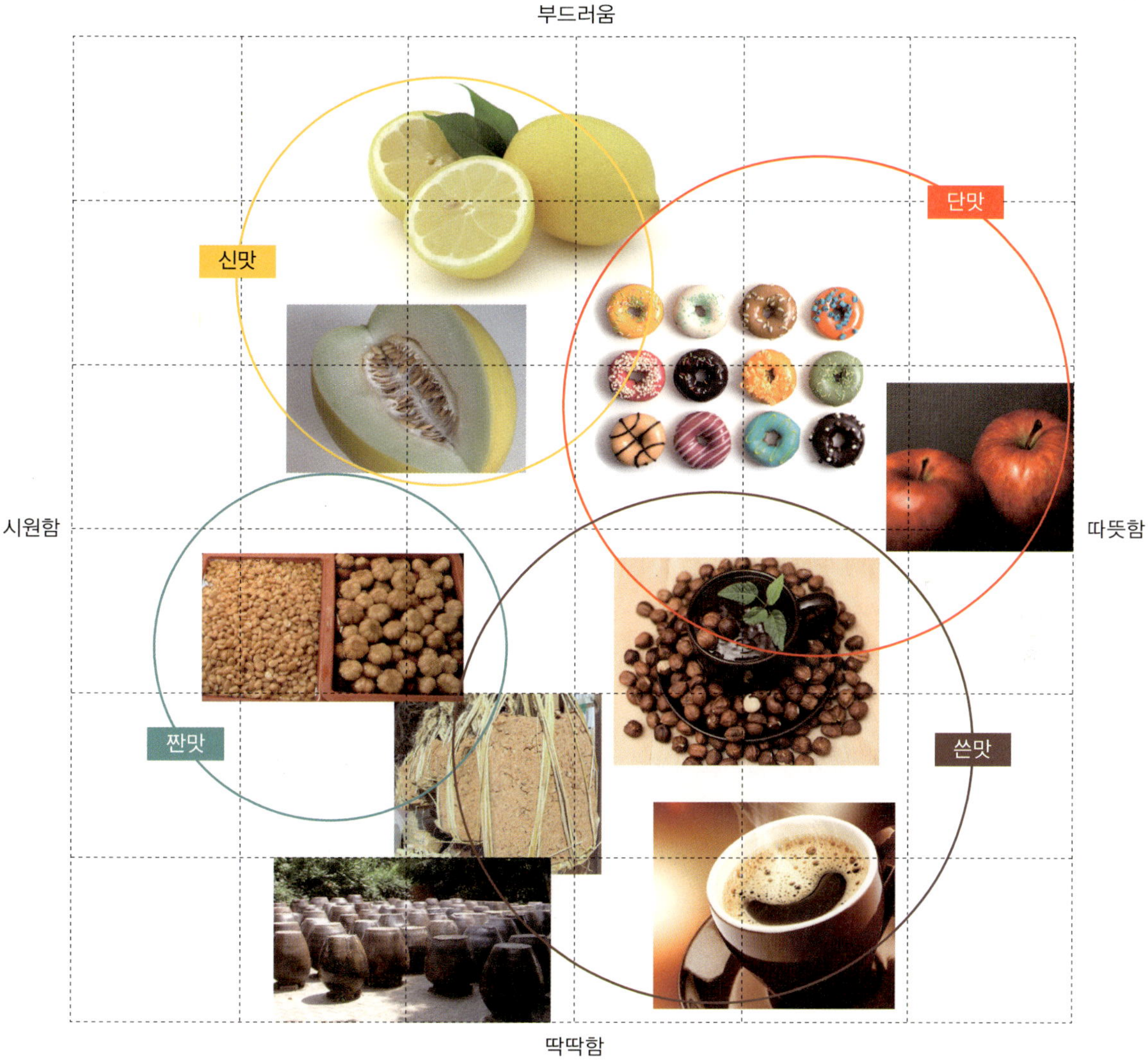

색의 시각적 효과

색의 명시성

먼 거리에서 잘 보이는 정도를 말하는 것으로 명도, 채도, 색상차가 큰 색일수록 명시성이 높다.

노란색과 주황색은 흰색 배경보다 검은색 배경 위에 있을 때 명시성이 더 높다.

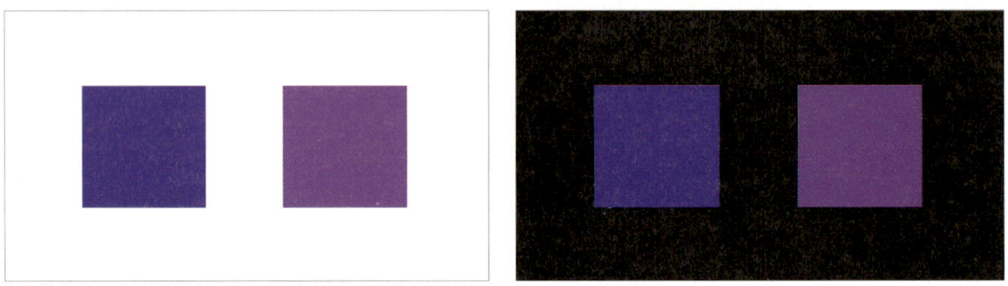

남색과 보라색은 검은색 배경보다 흰색 배경 위에 있을 때 명시성이 더 높다.

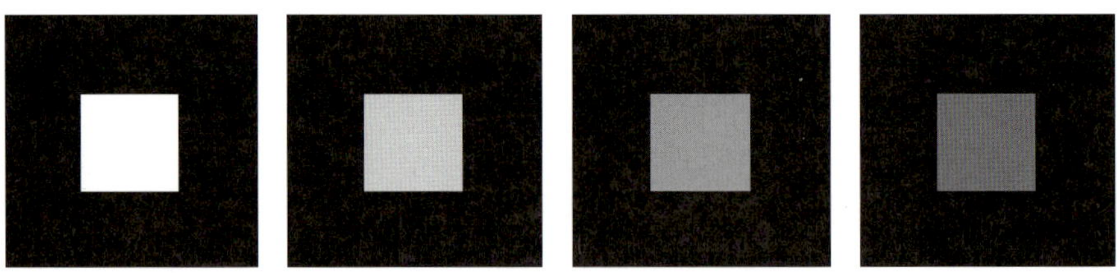

24
색의 명시성

명도차가 클수록 명시성이 높다.

색의 유목성

눈길을 끄는 정도를 말하는 것으로 유목성이 높은 색이 사용되고 있는 예시는 야경을 채색하는 네온이다.

흰색 배경 위에서는 녹색, 빨간색, 파란색, 주황색, 노란색의 순으로 유목성이 높다.

검은색 배경 위에서는 노란색, 주황색, 녹색, 파란색, 빨간색의 순으로 유목성이 높다.

25
색의 유목성

26
네온사인

27
윌튼 두 폭 제단화

색의 진출과 후퇴

튀어나와 보이는 색과 그렇지 않은 색의 성질을 말하는 것인데, 난색 계열은 진출색이고, 한색 계열은 후퇴색이며, 밝은 색이 어두운 색보다 진출한다.

색의 팽창과 수축

색의 면적이 실제 면적보다 작게 또는 크게 느껴지는 것 같은 심리현상을 색의 팽창성과 수축성이라고 하는데, 일반적으로 난색 계열은 팽창색이고 한색 계열은 수축색이다. 옷에 난색 계열을 사용하면 착용자가 과장되게 보이기 때문에 체형이 빈약한 사람이 어울리는 색이라고 해도 주의 깊게 사용해야 한다. 빨간색, 주홍색, 노란색 등은 팽창색이며 파란색, 초록색, 검은색 등은 수축색이다.

생각해 보기

1. 자신이 좋아하는 색에 대한 이미지 맵을 작성해보자.

CHAPTER 5

Introduction to Cosmetology

화장품학

화장품의 기본 개념

화장의 정의

화장의 화化는 '변화', 장粧은 '꾸민다'는 의미로 화장은 꾸며서 아름답게 해주는 행위를 말하며 우리의 신체 중에서 항상 외부로 노출되는 얼굴은 화장을 하고 남에게 자신의 이미지를 나타내는 데 큰 역할을 한다.

화장의 효과에는 아름답게 보이게 하는 미적 효과, 자외선을 막고 피부를 보호해주는 보호적 효과, 그리고 만족감과 자신감을 부여해주는 심리적 효과를 들 수 있다. 우울증이 있는 노인들에게 화장을 해주면 기분전환이 되어 정신치료에도 도움이 되는데, 이러한 목적의 화장 행위가 화장요법cosmetic therapy이다. 또한 자신이 구입한 제품의 가격이 높기 때문에 안정성이 높고 최상의 효과가 나올 거라고 소비자가 믿으면 생각한 것 이상의 만족스런 효과를 나타내기도 하

1
최신 화장품

는데, 이를 포지티브 시너지 효과positive synergy effect라고 부른다.

화장품의 어원

화장품의 영어 'cosmetics'라는 말은 '잘 정리하다, 잘 감싸다'라는 뜻을 가진 그리스어 'kosmetikos'에서 유래되었으며, 이는 우주, 질서, 조화를 뜻하는 그리스어 'kosmos'로부터 유래되었다.

우리나라에는 1998년까지 약사법의약품, 의약부외품, 화장품에서 화장품을 포함하였지만, 1990년 중반 일반 화장품시장의 포화상태로 인해 새로운 화장품시장을 발전시킬 목적으로 1999년 9월 7일 총 7장 32조 부칙 6조로 화장품법을 구성하여 제정하고, 2000년 7월 1일부터 시행하게 되었다.

2013년 3월에 개정된 화장품법 제1장제2조제1호에 '화장품이란 인체를 청결·미화하여 매력을 더하고 용모를 밝게 변화시키거나 피부·모발의 건강을 유지 또는 증진하기 위해 인체에 바르고 문지르거나 뿌리는 등 이와 유사한 방법으로 사용되는 물품으로서 인체에 대한 작용이 경미한 것을 말한다. 다만, 「약사법」 제2조제4호의 의약품에 해당하는 물품은 제외한다.'라고 정의하고 있다.

또한 제2조제2호의 기능성 화장품에 대한 정의는 2013년 3월에 개정된 법령에 의해 다음과 같은 화장품을 말한다.

1) 피부에 멜라닌색소가 침착하는 것을 방지하여 기미·주근깨 등의 생성을 억제하여 피부의 미백에 도움을 주는 기능을 가진 화장품
2) 피부에 침착된 멜라닌색소의 색을 엷게 하여 피부의 미백에 도움을 주는 기능을 가진 화장품
3) 피부에 탄력을 주어 피부의 주름을 완화 또는 개선하는 기능을 가진 화장품
4) 강한 햇볕을 방지하여 피부를 곱게 태워주는 기능을 가진 화장품
5) 자외선을 차단 또는 산란시켜 자외선으로부터 피부를 보호하는 기능을 가진 화장품

일반적으로 화장품은 개봉하지 않은 상태에서는 3년 정도는 문제가 없으나 일단 개봉을 하게 되면 그 순간부터 오염이 되므로 가급적 빠른 기간 내에 사용하는 것이 좋다. 개봉 후 사용기한은 제품의 유형이나 소비자의 사용습관이나 보관방법에 따라 차이는 있지만 대개 6개월에서 2년 정도이며, 수분이 없는 파우더, 아이섀도, 그리고 트윈케이크 등의 경우에는 개봉 후 2년까지는 사용이 가능하다. 그러나 눈언저리에 쓰는 마스카라와 아이라이너는 개봉 후 6개월 이내에 사용하는 것이 좋다.

화장품의 역사

서양의 화장품 역사

원시시대

화장을 시작한 것은 언제부터인지 단정하기는 어려우나 벽화나 토우 등의 출토품 및 여러 문헌의 기록을 통해 보면 BC 7000년 전으로 추측된다. 원시시대에는 주술적인 면과 종교적인 면을 강조하고 분향, 재해방지, 계급, 신분, 그리고 위엄성 등을 표시하기 위해 이용되었으며 지금과 같은 의미의 화장품이라고 할 수 없지만 시초라고 볼 수 있다.

고대 이집트시대

이집트 왕조의 무덤에서 향을 넣은 화장품과 화장거울이 발견되었으며 BC 3000년 경의 초기 왕조 시대티니스 왕조시대 무덤에서는 파라오와 함께 묻힌 화장품과 연고가 발견되었으며 BC 1500년 경에 사용된 콜kohl, 화장먹과 나드 향 덩어리, 안티몬 연필이 그려진 그림도 발견되었다. 투탕카멘왕의 무덤에서는 향료를 담은 연고병이 발견되었는데, 그 병에는 많은 향료가 들어 있어 발굴 당시에도 희미한 향기를 맡을 수 있었다. 고대 이집트에서 쓰인 화장품에는 미라에 사용했던 향유 외에 머리염색제, 파마제, 그리고 헤어 오일 등이 있었으며 목욕용품도 일찍부터 사용되었다.

올리브유, 벌꿀 등은 꽃가루에 섞어 몸에 바르고 향기 나는 식물의 오일 등은 피부를 부드럽고 하얗게 하거나 주름을 펴는 용도로 사용하여 피부를 가꾸었다. 또한 피부에 바른 색소로는 붉은색의 헤나 염료와 이끼에서 얻은 보랏빛 리트머스 등이 있으며, 흰색으로는 백납을 사용하였다. 또 머리 염색에는 헤나, 인디고 염료를 사용하고 눈 화장에는 콜을 이용하였다. 입술과 뺨에는 입자가 고운 붉은 황토를 사용하여 붉게 표현하였으며 그밖에 열대 식물인 헤나로 손톱, 발톱, 손바닥, 그리고 발바닥 등을 염색하였다.

립스틱이나 파운데이션, 아이섀도와 같은 근대적인 의미의 색조화장품 시초도 고대 이집트인들이 콜 등을 발라 사막의 모래바람이나 외부 곤충의 침입을 막은 것에서부터 시작되었다.

상류층에서는 욕실에 정유에센셜오일를 비치하여 사용하였으며 나일강의 흙을 몸에 비비고 난 후 향료로 전신 마사지를 한 다음 황토색의 파운데이션을 온 몸에 바르기도 하였다.

이 당시에는 화장품을 만드는 일이 성직자 계층의 고유 영역이었으므로 존경을 받았으며 제조법은 비밀에 부쳤다.

그리스 로마시대

그리스시대에는 흰 얼굴이 미인의 요건이었기 때문에 여인들은 탄산납인 백연흰색 납, 석고, 그리고 백묵 등을 발라 얼굴을 하얗게 하고 눈은 검은색 콜로 강조하였다. 식물성이나 광물성인 붉은색 분을 하얀색 분과 섞어 볼연지로 사용하였다. 로마시대에는 이집트시대 화장품의 기록을 체계화하였으며 바르면 시원해지는 연고, 즉 콜드크림을 만들어 판매하였는데 이후 2천년 동안 제조법이 전수되어 판매되었다.

중세

중세시대는 '미용의 침체기'라고 부를 수 있을 정도로 화장을 경시하다가 중세말기에 동양으로부터 진기한 화장재료가 들어오면서 화장 풍습이 다시 생겨났다.

근세

르네상스시대에 화장분은 주로 흰 납에다 수은과 흰 붓꽃을 섞어 만들었으며 립스틱에는 붉은 황토나 진사가 사용되었고 벽돌가루 등을 섞어 치아를 희게 하는 약을 만들어 쓰기도 했다.

이 시기의 가장 주목할 만한 진전은 알코올과 그 증류 방법에 대한 지식이 발전된 것으로 수세기 동안 과실류에서만 얻을 수 있었던 알코올을 곡물에서도 추출할 수 있게 되었으며 알코올이 정식으로 향수류에 쓰이게 된 시기는 14세기로 추측된다. 1573년 영국에서 향수가 처음 제조되었다.

1614년 바로크시대에 영국에서 처음으로 비누가 생산되었으나 정부의 규제를 받아 2세기 동안 높은 과세에 묶여 있었다. 피부 세정제로는 스페인에서 수입한 아몬드 열매, 연고, 코코아 버터, 그리고 바닐라 등을 원료로 만든 크림을 썼다. 근세시대에는 창백한 얼굴 화장이 유행하였으며 로코코시대에는 화장품 제조가 활발해졌다.

근대

19세기 중반 산업혁명의 영향에 의해 공업과 화학 기술이 발전하고 화장품 제조 기술도 발달하였고 비누를 사용하면서 위생, 청결, 그리고 피부 관리 등에 대한 관심이 증가하였다.

흰 피부의 선호로 인해 미용 팩과 필링이 유행하였으며 피부의 아름다움을 위해 꿀, 계란 흰자를 넣어 얼굴에 마스크 팩을 하였고 올리브 오일로 크림을 만들어 바르고 옥수수, 녹말가루를 얼굴에 발라 팩을 하기도 하였다. 또한 과학이 발달하고 향장, 향료업계에서는 새로운 화합물에 대한 여러 가지 업적들이 발표되고 현대적 화장품이 제조, 출시되는 시기였다.

19세기말 의학과 유기화학의 발달에 의해 새로운 화학물에 관한 연구 업적들이 발표되었고 1828년 프랑스에서는 겔랑Guerlain이, 1852년 영국에서는 비첨Beecham이, 1886년에는 미국의 해리엇 허바드 아이어가 현대적 의미의 화장품을 제조하였다.

현대

첨단 기술의 발달로 인해 여성들의 가사 노동에 많은 변화가 일어났고 또한 사회 진출 역시 활발해졌다. 이때 화장품 제조 산업도 발전하여 20세기의 대표적인 제품인 콜드크림이 출시되었다. 1901년 처음 나온 마사지 크림은 당시 널리 유행하였으며, 1907년 설립된 브렉사는 샴푸를 생산하기 시작하였으며, 색깔 있는 에나멜이 선보였다. 1908년에는 샴푸와 에나멜이 대량생산 체제로 발전하였고 1930년대에는 자외선으로부터 피부를 보호하기 위한 자외선 차단제품이 개발되었다. 1950년대 이후의 화장품 과학은 급성장을 하게 되는데, 이 시기에 합성세제, 치약, 그리고 각종 화장품 등이 선보이며 화장품 공업은 그 자리를 굳히게 된다.

1970년대 미국에서는 아프리카계 흑인여성들을 위한 화장품 개발이 시작되어 흑인의 피부톤에 적합한 피부 화장 제품과 색조화장품이 개발되었다. 1990년대는 미용산업 전반에 건강한 현대적 여성의 이미지가 부각되면서 피부의 건강을 위한 스킨케어용 화장품이 대거 개발되고 생산된 시기이다. 의학기술의 발달로 인해 젊고 건강한 삶을 지향하게 되어 피부노화를 예방하거나 지연시킬 수 있는 다양한 기능의 화장품이 출시되었다.

21세기 화장품은 친환경적인 추출제품에 대한 욕구가 커지면서 오가닉 뷰티 제품을 선호하게 되었고 천연원료의 피부주름 개선, 노화방지용 안티에이징anti-aging, 그리고 미백 등 각종 기능성 화장품 등이 나타났다.

남성도 자신의 외모가 사회적 경쟁력이라는 인식이 강해지면서 패션과 미용에 투자하는 그루밍족grooming이라는 신조어가 등장했다. 따라서 남성화장품에도 기능성 화장품은 물론이고 피부 화장을 위한 색조제품이 다양하게 발전하였다.

네일산업도 발전하기 시작하는데, 토털 패션의 마무리로 네일 아트가 유행하면서 친환경적이며 편리하고 다양한 네일제품이 나타났다.

한국의 화장품 역사

고조선시대

신에게 제사를 지내기 전에 목욕재계하고 향을 피우거나 신분 계급을 나타내기 위해 장식물을 달고 색을 칠했다는 것 등은 서양과 크게 다를 바 없으나 일찍부터 피부를 보호하고 피부를 희게 가꾸려는 노력을 하였다. 쑥 달인 물에 목욕을 하여 피부를 희게 하거나 마늘을 찧은 것에 꿀을 섞은 후 얼굴에 발라 기미와 주근깨를 제거했던 것이다. 이 밖에도 한반도에 거주하던 말갈인들은 하얀 피부를 간직하기 위해 오줌으로 세수를 하였고, 동북방 지역의 추위를 견디기 위해 만주 지방의 읍루인들은 돼지기름을 발라 동사를 예방하고 피부를 부드럽게 하였다.

삼국시대

고구려의 수산리 고분 벽화의 귀부인상에 보면 뺨과 입술에 연지를 칠하고, 눈썹은 가늘면서 둥근 형태를 하고 있으며, 《삼국사기》에서는 무녀와 악공들이 이마에 붉은 칠을 하는 곤지 풍습을 찾아볼 수 있다. 《성호사설》의 기록에 의하면 연지가 피부 연화제의 역할을 했던 것을 알 수 있는데, 이는 추운 지방일수록 추위로부터 피부를 보호하기 위해 연지를 많이 발랐다고 추측할 수 있다.

백제는 화장품 제조 기술과 화장기술을 일본에 전파할 정도로 그 기술이 뛰어났으며, 신라는 동백이나 아주까리기름으로 머리를 손질하였고 분을 만들어 물에 갠 후 얼굴에 발랐다.

신라인은 미의식이 남달라 일찍이 화장품이 제조하였고 화장을 하였는데, 백분의 사용과 제조기술이 상당한 수준이었다. 일본의 문헌에는 692년 신라의 한 승려가 일본으로 건너가 연분을 만들어 주었다는 기록이 있으므로 신라에서는 연분의 제조가 이보다 훨씬 이전에 보편화된 것을 알 수 있다. 신라인은 또 홍화로 만든 연지를 만들어 볼과 입술에 화장을 하였고 미묵을 이용하여 눈썹을 그렸다.

고려시대

고려시대에는 향에 대한 애착이 강해서 신체나 옷에 향유를 뿌리거나 발랐으며, 또한 염색이 모든 계층에 유행하였고 빗, 거울, 그리고 세숫대야 등 화장 용구도 기술자를 두어 제작하였다.

여성들은 향유를 바르는 것을 좋아하였고 분은 바르되 연지는 바르지 않는 화장을 하였으며 면약面藥을 사용하고 염모를 하였다. 면약은 액상으로 남녀 모두 항시 사용한 안면용 화장품으로 추측되는데, 손과 얼굴을 희고 부드럽게 하는 피부 보호제 겸 미백제였다.

조선시대

숙종시대에는 화장품 행상인 매분구가 존재하여 조선시대에는 이미 화장품의 생산, 판매가 이루어졌으며 외출이 자유롭지 못했던 여성들이 쉽게 구입할 수 있었다.

또한 이들로부터 미용에 대한 지식이 전해졌으며, 미용법도 발달하여《규합총서》에는 '겨울에는 얼굴이 거칠어지고 터지는데, 달걀 3개를 술에 담가 김새지 않게 봉하여 네이레28일 동안 두었다가 바르면 얼굴이 트지 않고 옥 같아진다.'는 미용법이 수록되어 있었다.

개화기

개항 이후 서구의 화장품과 화장법의 도입에 따라 재래식 화장품과 화장법도 정치적, 문화적으로 급변하는 상황과 함께 교체되는 국면을 맞이한다. 1920년대 일본이나 유럽 등지에서 수입된 크림, 백분, 비누, 그리고 향수 등은 사용이 간편하고, 포장과 품질 등이 뛰어나 수입 화장품이 큰 인기를 끌었다. 이는 국내 화장품의 산업화를 촉진하는 계기가 되었고 시대적 요구에 따라 1916년 박승식은 품질 및 포장이 개선된 분을 제조하여 자신의 성을 따 '박가분'을 탄생시켰다. 1922년 국산 화장품의 제조 허가 제1호로 출범한 이 백분은 방물장수들에 의해 하루 5만 갑이나 팔릴 정도로 인기가 높았다. 박가분은 두께 8mm 정도의 보루 상자에 뚜껑을 덮고 그 위의 동그라미 속에 '박朴' 자를 넣은 상표를 붙여 대량 생산하여 판매하였다. 그 후 납 성분에 대한 부작용 때문에 물의를 일으켜 1937년 자진 폐업하였다. 또한 그 당시 박가분을 시발로 하여 서가분, 정가분, 서울분, 그리고 설화분 등 각종 분류와 유액, 머릿기름이 신식 기술을 모방하여 잇달아 시판되었고 크림도 상당한 인기를 끌었다.

또한 손수레에 물건을 담은 행상들이 골목을 누비고 다니며 고객이 원하는 만큼 덜어서 판매도 하였으며, 크림을 손수레에 싣고 다니면서 북을 둥둥 쳤다고 하여 '동동구리무'라는 말이 생겼다. 남성들에게도 상투가 사라지면서 모발을 정발하기 위해 대량 생산된 포마드가 사용되었다.

현대

1950년대에는 밀수 또는 수입품인 외제 화장품이 범람하였으며 국내에서도 1960년대부터 화장품의 생산 활동이 본격화되기 시작하였다.

화장품의 기능도 세분화되어 백분의 사용은 격감되고, 자연스러운 피부색을 선호하여 도포력, 부착력이 우수한 액상 백분파운데이션이 크게 인기를 끌었으며, 스킨케어 제조 기술의 기반이 확립되어 제품의 다양화로 바니싱 크림, 스틱형 연지 등이 생산 사용되었다.

1970년대에는 고도의 경제 성장과 정보의 보급에 따라 화장품 업계도 활기를 띄어 펄이 섞인 아이섀도 등 다양한 제품이 출시되었고, 1980년대에는 첨단 과학 기술을 응용한 화장품이 개발되었으며 기초화장품의 브랜드 세분화 시대로 피부 타입별 브랜드가 출시되었다. 1990년대 이후 여성의 사회 진출의 지속적 증가와 환경에 대한 관심이 고조됨에 따라 식물성분을 함유한 자연화장품, 즉 천연화장품이 등장하였으며 2000년 7월 약사법에서 화장품법이 분리·독립되면서 기능성 화장품도 등장하게 되었다.

화장품의 구성 원료

화장품은 크게 수용성 물질과 유용성 물질, 그리고 이 두 물질을 잘 섞이게 하고 그 유형을 안정적으로 유지시키는 계면활성제로 구성되어 있다. 천연물, 합성물 및 생물 공학을 이용한 원료에 이르기까지 그 종류가 다양하며 화장품을 안정적으로 만들고 유지하기 위해 첨가하는 물질들 또한 여러 가지가 있다.

수성원료

정제수

화장품에서 물은 큰 비율을 차지하며 화장수, 크림, 그리고 로션 등에 가장 많이 이용된다. 자연수는 칼슘이나 마그네슘을 함유하고 있어 품질에 좋지 않은 영향을 미치기 때문에 끓이거나 여과하여 연수로 만들어 사용한다.

에탄올

물 다음으로 많이 이용되고 있으며 에틸알코올이라고도 한다. 무색이며 특유한 냄새를 가지고 있고 물과 잘 혼합되는 성질이 있다. 흔히 70%로 희석하여 소독제로도 사용하며, 화장품에는 주로 합성 에탄올을 사용한다.

글리세롤

단맛을 내는 3가 알코올로 글리세린이라고도 한다. 화장품의 보습제로 흔히 쓰이고 끈적끈적한 액체 타입으로 흡수성이 강하며 물에 잘 녹는다.

유지류

유성 원료는 동물, 식물 및 광물에서 추출하는 천연 원료와 석유에서 추출하거나 인공적으로 제조한 합성 원료가 있다. 유성 성분은 피부에 유분막을 형성하여 피부로부터 수분이 증발하는 것을 막는 보습작용을 하며, 피부를 윤기 있고 매끄럽게 가꾸어 준다. 유성 성분은 성질에 따라 오일, 지방 및 왁스로 나눈다.

식물성 오일

식물성 오일에는 올리브 오일, 아보카도 오일, 피마자 오일, 마카다미아 너트 오일, 스윗아몬드 오일, 해바라기 오일, 포도씨 오일, 그리고 세인트 존스 워트 오일 등이 있다. 이것은 물질의 합성을 촉진하며, 피부의 진정·보습·탄력, 여드름 방지, 영양 공급, 상처 치유, 천연방부제, 그리고 모세혈관 순환 등의 기능을 가지고 있다.

동물성 오일

동물성 오일에는 스쿠알란 오일, 밍크 오일, 그리고 라놀린 등이 있으며, 이들은 보습력이 높고 유연하며 피부 친화력이 높아 침투력이 좋으나 여드름을 유발하기도 한다.

왁스

왁스는 고급 지방산과 고급 알코올의 왁스 에스테를 말하며 립스틱과 같은 고형의 제품을 만들거나 크림과 같은 제형의 점도를 증가시키는 데 사용된다. 왁스는 실온에서 고체이며, 공기와 접촉했을 때 동·식물성 오일에 비해 안정적이어서 변질도가 낮다.

왁스의 종류에는 카나우바 왁스carnauba wax, 칸델릴라 왁스candelilla wax, 호호바 오일, 그리고 밀랍 등이 있는데, 이것은 립스틱, 아이브로펜슬, 고형의 파운데이션, 브러셔, 마스카라, 그리고 탈모 왁스 등을 만드는 데 쓰인다.

탄화수소

포화 탄화수소로 석유계 추출물 오일을 탄화수소류라고 하는데, 유동 파라핀과 마이크로크리스탈린 왁스 등이 있으며, 이들은 클렌징 제품과 보습제 등에 많이 쓰인다.

그 외 화장품을 구성하는 물질에는 고급 지방산, 고급 알코올, 에스테르, 실리콘, 보습제, 폴리머, 산화방지제, 금속 이온 봉쇄제, 살균제와 방부제, 향료, 색소, 알칼리제, 그리고 계면활성제 등이 있다.

화장품의 종류

화장품의약외품 포함은 사용 부위, 사용 목적 또는 제품의 구성 성분 및 형상 등에 의해 분류되는데, 크게 기초화장품, 색조화장품, 모발화장품, 방향화장품, 그리고 보디화장품 등으로 나눌 수 있으며 그 외 방향제와 아로마가 있다. 이러한 화장품은 과학기술의 발전에 의해 미용단계, 피부 타입, 기능에 따른 신체 적용 부위, 그리고 연령 등으로 세분하여 사용되고 있다.

기초화장품

약사법에 의한 기초화장품의 기능에 대한 정의는 '피부를 청결히 하고 각질층을 충분히 보습시키는 것'이다. 기초화장품은 건강하고 아름다운 피부를 만드는데 가장 기본이 되는 화장품으로 화장수, 유액, 크림류, 그리고 팩류 등이 있으며, 클렌징, 피부 정돈, 피부 보호, 그리고 영양 공급 등의 기능으로 크게 나눌 수 있다.

기초화장품의 역할은 피부가 정상적인 기능을 수행할 수 있도록 유해한 건조나 자외선, 산화로부터 피부를 보호한다. 피부가 본래 가지고 있는 항상성 유지 기능을 보조하여 피부를 깨끗하게 보호하고 유지할 수 있도록 도와주는 제품이다. 즉 기초화장품은 피부와 유사한 성분들로 구성되어 외부 환경 및 나이에 따라 손실되기 쉬운 피부 보습 및 보호 인자들의 기능을 대신해 준다.

2
기초화장품

기초화장품의 종류

세안용 화장품

세안용 화장품의 목적은 피부표면층에 부착되어 있는 피지, 땀 등 피부 생리의 대사 분해물이나 공기 중의 먼지와 메이크업 제품 등을 제거하는 것이다. 수성 세안제와 유성 세안제가 있다.

화장수

일반적으로 투명한 액상의 형태로 세안 후 피부에 수분을 공급하고 보습 효과를 주어 피부를 유연하게 하며 세안 후 피부를 정돈하여 pH를 조절한다.

유액류

유분과 수분의 적절한 배합을 통해 유분 및 수분을 공급하여 피부의 균형을 유지시켜 주는 것으로 밀크로션이라고도 하며, 화장수와 크림의 중간 제형이다. 피부의 항상성 기능을 유지하게 하고 피부 회복 등의 기능을 공급하여 피부의 보습과 유연 기능을 부여할 목적으로 이용된다.

크림

잦은 세안이나 환경적인 요인들로부터 피부 표면을 덮고 있는 피지막이 약해지고 건조해지는 것을 보호하기 위해 사용하는 것이다. 수분 밸런스를 일정하게 지켜주고 보습제와 유분을 공급하여 피부의 보습과 유연 기능을 가지게 하며 혈행 촉진, 세정 및 자외선 방어 등 사용 목적에 따라 다양한 기능이 있다.

에센스 또는 세럼

유럽에서는 세럼이라고 부르며 미용 농축액의 의미로 에센스와 혼재되어 사용되고 있는 제품으로 각종 보습 성분 및 유효 성분을 많이 함유하고 있다. 보습, 자외선 방지, 미백, 산화 방지, 그리고 소염 등의 기능이 있다.

팩과 마스크

팩은 'package'의 '포장하다 또는 둘러싸다'라는 뜻에서 기인한 것으로 유럽에서는 마스크라는 용어로 통용되고 있으며 피부에 도포한 후 일정 시간이 지나면 떼어내거나 물로 씻어내는 화장품류이다. 얼굴뿐만 아니라 전신에도 사용하며 혈액순환 촉진 작용, 노폐물 흡착 작용, 그리고 보습 작용 등이 있다.

색조화장품

색조화장품은 용모를 아름답게 변화시켜 피부를 아름답게 보이게 할 목적으로 사용하는 화장품을 말한다. 기초화장품을 사용한 후 얼굴이나 손톱 등에 색채감을 주어 피부색을 건강하고 아름답게 표현하고 기초화장품으로 커버할 수 없

는 피부의 결점을 보완하여 매력적이고 개성 있는 상태로 보이게 하는 것이다.

색조화장품의 종류

색조화장품에는 얼굴 전체의 피부색을 균일하게 정돈하거나 기미, 주근깨, 그리고 잡티 등 피부 결점을 커버하여 피부를 아름답게 보이도록 하기 위한 베이스 메이크업 화장품과 입술, 눈, 볼이나 손톱 등에 색조를 입혀 아름답고 매력적인 용모로 보이도록 하는 포인트 메이크업 화장품으로 분류할 수 있다.

베이스 메이크업 ◢ 피부색의 단점을 보완하고 결점을 커버하며 피부에 색조 효과를 주는 것으로 메이크업베이스, 파운데이션, 파우더, 그리고 비비크림 등이 있다.

포인트 메이크업 ◢ 얼굴의 특정 부위에만 사용하는 화장품으로 아이 메이크업, 립 메이크업, 그리고 블러셔 등이 있다.

네일 에나멜

손톱을 보호하고 아름답게 하는 것으로 다양한 컬러가 있으며, 젤리쉬도 있다.

기능성 화장품

기능성 화장품은 화장품법 제2조 제2항에 따라 피부의 미백에 도움을 주는 제품, 피부의 주름 개선에 도움을 주는 제품, 피부를 곱게 태워주거나 자외선으로부터 피부를 보호하는 제품으로 정의하고 있다.

기능성 화장품은 '코스메티컬cosmedical' 또는 '코스메슈티컬cosmeceutical'이라고 하는데, '화장품'과 '의료의medical'를 합해서 코스메티컬이라고 하며 코스메슈티컬은 '화장품'과 약물을 의미하는 '파마슈티컬phamaceutical'의 합성어이다.

기능성 화장품인 미백과 주름 인증 화장품은 공기와의 접촉을 확실히 차단해 주어야 하며, 자외선 차단제의 경우도 햇살이 비치지 않는 곳에 보관해야 하고 온도 변화가 급격하게 차이나는 곳은 피하도록 한다. 사용 후에는 반드시 뚜껑을 꼭 닫아 밀폐시킨다.

4
기능성 화장품

기능성 화장품의 종류

미백화장품

피부에 착색된 기미, 주근깨 등의 색소를 다시 환원시키거나 색소가 발생하지 않게 만드는 성분을 넣어 제조한 화장품을 말한다.

주름개선화장품

피부의 주름을 방지하고 늘어진 피부의 탄력 유지에 효과적인 화장품을 말한다.

자외선 차단제품

태양광선 중 유해한 자외선의 침투를 막아 피부를 보호하기 위한 것으로 선스크린 또는 선블록으로 불리며 일반적으로 로션이나 크림 형태로 사용되고 있다.

태닝제품

오일이나 크림류에 주로 함유되어 자외선에 피부를 노출하기 전에 바르면 화상이나 얼룩 없이 피부를 골고루 태닝해 주는 제품으로 자외선에 의해 피부 색소의 양을 늘려주는 방법이다.

모발화장품

모발화장품에는 모발과 두피의 더러움을 세정하며 모발을 보호하고 영양을 공급하는 기초 모발제품과 헤어 스타일링, 컬러링 및 퍼머넌트 웨이브의 효과를 제공하는 스타일링제품이 있다.

모발화장품의 종류

샴푸

샴푸는 모발과 두피를 세정하여 비듬이나 피지, 기타 불순물을 제거하는 모발 기초화장품이다.

린스

린스는 '헹구다'라는 의미이다. 샴푸 후 모발을 유성막으로 덮어 유연성을 부여하고 윤기를 주며, pH를 조절하고 건조함을 방지한다.

5
모발화장품

헤어 스타일링 제품

모발을 원하는 형태로 만드는 기능과 모발의 형태를 고정시키는 세팅기능이 있는 제품을 말하며 헤어 오일, 포마드, 헤어 크림, 헤어 무스, 헤어 스프레이, 헤어젤, 그리고 헤어 리퀴드 등이 있다.

염모제

모발의 색을 변화시키는 데 사용되는 제품으로 염모제는 색상이 얼마나 오래 지속되는지에 따라 영구 염모제, 반영구 염모제, 그리고 일시 염모제 등으로 나눈다.

보디화장품

보디화장품은 보디에 부착되어 있는 노폐물을 제거하여 몸을 청결하게 유지해 주는 세정 및 목욕제, 몸을 보호하는 기능을 지닌 트리트먼트제, 땀이나 다른 방향 물질에 의하여 발생하는 체취를 제거하는 기능을 지닌 방향제, 자외선으로부터 피부를 보호하며 피부 트러블을 방지하는 기능을 지닌 일소 방지제, 그리고 곤충으로부터 몸을 보호하는 기능을 가진 방충제 등으로 나눌 수 있다.

보디화장품의 종류

전신에 사용하는 보디화장품

세정 및 목욕제, 트리트먼트제, 방향제, 선케어, 그리고 벌레방지제 등이 있다.

손에 사용하는 보디화장품

핸드로션, 핸드크림, 그리고 핸드팩 등이 있다.

6
보디화장품

발과 다리에 사용하는 보디화장품

제모크림, 탈모테이프, 그리고 제모무스 등의 제모제와 부종방지제가 있다.

팔꿈치와 무릎 부위에 사용하는 화장품

각질연화 로션, 크림, 그리고 오일 등의 유연제가 있다.

땀샘 부위에 사용하는 화장품

방취용 로션, 스프레이, 파우더, 그리고 데오도런트 등의 방취와 제한제가 있다.

생각해 보기

1. 화장품 분야의 베스트셀링(best selling) 제품에 대해 조사해보자.

- 클렌징폼

- 비비크림

- 팩

- 틴트

- 에센스

- 선크림

- 에나멜

- 데오도런트

CHAPTER 6

해부생리학

해부생리학의 기본 개념

미용은 인체를 다루는 분야로 해부생리학은 미용학에서는 기본이자 기초학문이다. 미용인은 인체에 대한 전 범위, 즉 모발, 피부생리, 그리고 조갑 등에 대한 인체형태와 해부생리에 대해서 이해해야 한다. 따라서 미용에서의 해부생리학은 인체의 각 기관의 형태와 구조에 대해 기본적인 이론을 공부하고 각 기관의 기능에 대해서 알아보고 그 기능이 나타나게 하는 메커니즘에 대한 기초를 습득하는 분야이다.

해부학anatomy은 원래 라틴어의 'ana'와 'tomy'의 합성어로, 영어로는 '자르다cutting 혹은 분해하다analysis'라는 의미이다.

해부학이라는 용어가 히포크라테스Hippocrates에 의해 사용된 이래 많은 해부학자들이 인체의 구조를 규명하였다. 17세기에 이르러 현미경이 개발되어 생물의 미세한 구조를 연구하는 새로운 분야가 개척되었다. 따라서 해부학은 육안으로 관찰하는

육안적 해부학, 현미경을 이용하는 현미경적 해부학 또는 조직학, 그리고 태아의 발생과정을 연구하는 발생학 또는 태생학 등으로 구분된다.

해부학은 동물이나 식물의 구조와 기능을 연구하는 생물학의 한 분과로, 특히 인체의 생김새를 연구하는 인체해부학은 복잡한 인간의 기능을 이해하는 데 필요한 기초로서 매우 중요한 학문이다.

해부학이 언제부터 체계를 갖춘 지식 분야로 발달되었는지는 정확히 확인할 수 없으나 고대부터 사람의 시신을 관찰하고 이후 각 기관의 구조와 기능을 이해하며 질병이 일어난 경우에는 기관들이 어떻게 손상되는지 알아가면서 체계화되었다.

1
히포크라테스

생리학physiology은 라틴어에서 유래한 것으로 'physio'는 자연nature을, 'logy'는 학문science이라는 뜻이다. 즉 생리학이란 자연의 기능이나 성질 및 기전을 연구하는 학문으로 그 중 인체생리학은 인체의 계통이나 기관의 특유한 기능을 나타내게 하는 기전mechanism을 연구하는 학문이다.

생물체의 특성

생물체는 무생물에서는 볼 수 없는 복잡하고 미묘한 생명현상을 유지하기 위해 필요한 여러 가지 특성을 지니고 있다.

대사

생물은 자신을 둘러싸고 있는 주위 환경으로부터 물질을 얻어 체내에서 분해 및 합성하여 생명을 유지하는 데 필요한 열과 에너지 및 부산물로 전환하는데, 이러한 물리적·화학적 반응이 대사metabolism이다. 그 중에서 분해반응이 이화catabolism이며, 합성반응은 동화anabolism이다. 이화반응은 생명활동에 필요한 에너지를 생성하고, 동화반응은 그 에너지를 이용하여 체성분, 특히 단백질, 핵산, 당질, 그리고 지방질 등을 합성한다.

성장

성장growth은 유기체가 단세포의 접합자로부터 성인이 되기까지의 질적·양적 변화과정을 말하는데, 성장하면 생물체는 부피와 무게가 커지게 되고, 이때는 각 세포의 원형질량이 증가하여 세포 크기가 커지는 경우가 있는 반면, 세포수가 증가하는 경우도 있다.

생식

생식reproduction은 생물 개체가 자기와 같은 종류의 새로운 생물 개체를 생산하는 현상으로 생식에 의해 계속 생기는 각 개체는 제각기 하나의 세대를 형성하는데, 대부분의 주요 생물은 난자와 정자의 수정을 통해 모체 태반 속에서 생성된다.

적용

생물은 자신의 주위 환경의 변화에 대해 적절하게 형태나 기능을 조정하여 환경에 순응하고, 오랜 세월을 거치면서 유전적으로 고정되어 진화하는 단계를 거치면서 적응하게 되는 것을 적용adaptation이라고 한다. 이때 변화하는 환경에 적절한 대처를 하지 못한 경우에는 퇴화와 멸종이 되어 유전적 단절이 나타난다.

유기체

생물체는 형태적·기능적으로 분화된 여러 부분의 매우 복잡한 기관들로 구성되어 있으나 이들은 상호 연관성을 맺어 단일체로서 전체가 하나의 통일된 행동을 할 수 있도록 체제를 이루고 있는데, 이를 유기체organism라고 한다.

해부생리학의 조직과 계통

세포와 조직

인체의 기본적인 구성단위는 세포이며, 그 수는 성인의 경우 약 100조 개로 추정되고 있다. 다세포동물은 기본적으로 수정란이 분열·증가하여 생긴 수많은 세포와 이들 세포가 만들어낸 세포간질로 구성된다. 이들 세포는 분열을 거듭하면서 분화하여 일정한 형태나 배열을 나타내며, 이러한 형태와 배열이 집단을 형성하여 조직을 만들고 조직은 상피조직, 결합조직, 근조직 및 신경조직의 4가지로 나눌 수 있다. 그리고 한 종류 또는 몇 가지 종류의 일정한 조직이 모여서 일정한 형태와 기능을 나타내는 기관을 만들게 되는데 심장, 간, 소장, 대장, 그리고 위 등을 예로 들 수 있다. 또한 몇 개의 기관이 특정 목적의 기능을 이루기 위해 인체 내에서 서로 연락을 하고 일정한 배치를 하게 되는데, 이것을 기관계라고 부른다.

2
세포의 일반적 구조

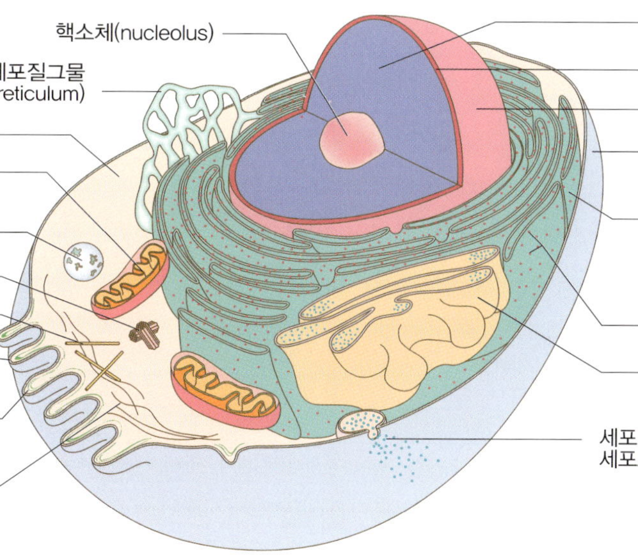

피부

피부는 다양한 생리적 기능을 수행하여 내부 장기와 그 밖의 체내기관을 보호해 주고 조절해 주는 역할을 하며, 사람이 살아온 과정과 연륜을 말해 주기도 한다.

피부표면은 육안으로 보면 단순하고 평평한 구조를 가진 듯하나, 현미경으로 관찰하면 무수히 많은 그물 모양의 구조로 되어 있다. 단면을 관찰해보면 표피와 진피, 피하조직의 3층으로 구분된다.

뼈대 및 관절계통

골격은 몇 가지 뼈가 조합되어 인체의 기본형을 이루는 견고한 구조물로서, 126개의 팔다리뼈, 206개의 뼈대계통, 그리고 80개의 몸통뼈대 등이 있다. 대부분 2개 이상의 뼈는 인대 등의 결합 조직에 의해 기능적으로 연결되어 있어 관절운동이 가능하다.

뼈대의 주요 구성요소는 뼈이다. 뼈는 칼슘이나 인과 같은 미네랄 등으로 구성되어 있어서 생명이 없는 것 같으나 사실은 활발하게 성장하며, 스스로를 재구성하기도 한다. 뼈skeleton의 어원은 그리스어의 '말라버린 몸'에서 유래되었다.

뼈는 긴뼈, 짧은뼈, 편평뼈 및 불규칙뼈로 분류되며 긴뼈는 팔과 다리에서 발견되며, 너비에 비해 길이가 기다란 뼈를 가리킨다. 짧은뼈는 손목과 발목에서 발견되며, 너비와 길이가 거의 같다. 편평뼈는 편평하거나 커브의 형태로 되어 있는 얇은 형태의 뼈로 머리뼈, 갈비뼈, 그리고 복장뼈 등이 이에 해당된다. 불규칙뼈는 퍼즐의 일부처럼 불규칙적이며 뼈와 뼈를 이어 줄 때에 필요한 형태로 되어 있으며 엉치뼈와 척추뼈가 이에 해당된다.

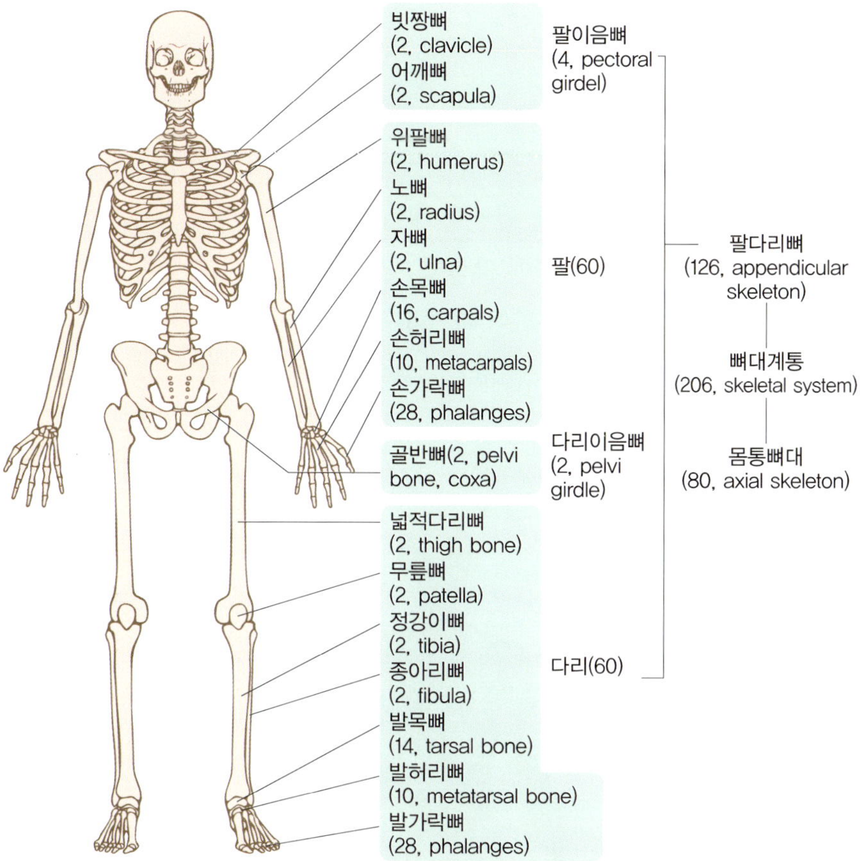

기관	1차 기능
뼈(206) 연골, 인대	지지, 연부조직 보호 기능, 미네랄 저장 기능
몸통뼈대 머리뼈, 척추뼈, 엉치뼈 갈비뼈, 복장뼈	뇌, 척수, 감각기관, 흉강 내 연부조직 보호 하지 위에 체중을 지지
팔다리뼈 사지와 지지하는 뼈	사지의 위치와 내부 지지대 역할, 몸통뼈대를 지지하거나 움직이는 기능 수행
골수	일차적으로 혈구가 생성되는 장소

근육계통

근육muscles은 수축성 있는 모든 조직을 칭하는 일반적인 용어로 'mus'는 생쥐를 의미하는 라틴어에서 유래되었는데, 근육의 움직임이 마치 뛰어다니는 생쥐와 유사하다고 해서 붙여졌다. 근육은 수많은 기능을 수행하기 때문에 형태와 크기가 다양하며 구조가 기능에 맞춰서 이루어져 있다. 수축성이 있는 근육조직은 신경조직의 자극에 반응하여 짧거나 두꺼워지며 자극이 사라지면 이완한다. 이와 같이 번갈아 가면서 일어나는 수축과 이완이 운동을 일으킨다. 근육

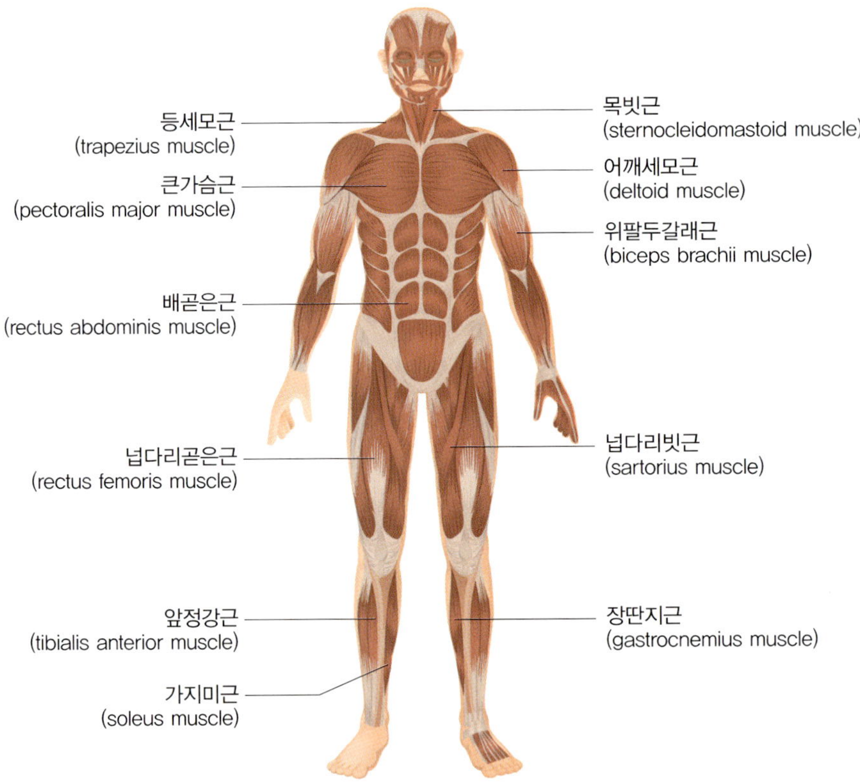

기관	1차 기능
뼈대근육(700)	뼈대의 움직임 돕기, 소화관의 개구부 조절, 열 생산, 뼈대자세 지지, 연부조직 보호 기능

4
근육계통

조직은 이러한 근육섬유의 다발로 구성되어 있으며 매우 가늘다. 인체의 근육계는 대략 700개의 근육들로 이루어져 있으며 체중의 약 40~45%를 차지한다.

혈액

혈액은 pH 7.35~7.45, 비중 1,050~1,060으로 약알칼리성이며 운반하는 산소량에 따라 선홍색 혹은 암적색으로 다양하다. 성인의 혈액양은 체중의 약 8~9%이며 평균 5~6L이고, 혈액은 세포성분으로 인해 물보다 점도가 약 2배 이상 높다.

혈액은 세포성분인 혈구가 45%이고 나머지는 액체성분인 혈장이 55%로 구성되어 있다. 혈구는 다시 적혈구와 백혈구 및 혈소판으로 구분되는데, 적혈구와 혈소판은 핵이 없으며 백혈구는 핵이 있다. 혈장은 혈액에서 혈구를 뺀 나머지이며 맑은 담황색으로 수분이 약 90%이고 나머지는 혈장단백질이 대부분이다. 혈액의 기능에는 호흡가스의 운반, 영양소의 운반, 노폐물의 운반, 신체방어, 전해질 및 수분조절, 호르몬의 운반, 혈액응고, 그리고 체온 조절 등이 있다.

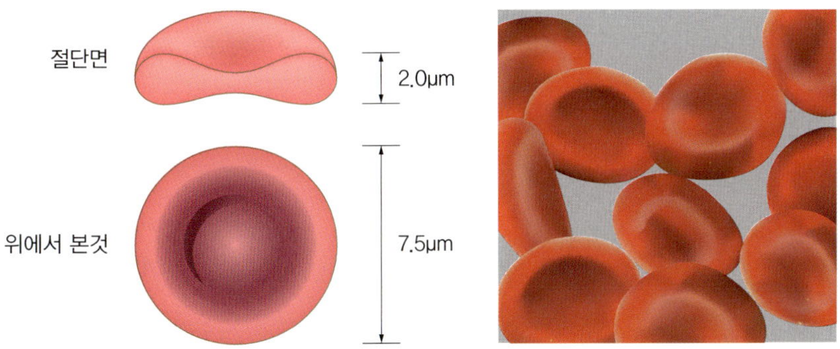

5
현미경으로 본 적혈구의 크기와 모양

심장혈관계통

심장혈관계통의 주요 구성요소는 혈액을 공급하는 기관인 심장과 혈장이라고 부르는 체액성분과 다양한 세포 및 물질들로 이루어진 결합조직의 형태, 그리고 세포로부터 혈액운반을 위한 경로인 혈관 등이 있다.

심장은 주먹만한 크기의 특이한 근육 형태로 속이 비어 있으며, 전신으로 혈액을 공급한다. 심장의 무게는 성인의 경우 평균 250~300g이고 크기는 길이 약 14cm, 폭 10cm, 두께 8cm이며, 자신의 주먹보다 약간 크다.

혈관은 혈액을 심장과 인체 각 장기 및 조직 사이를 순환시키는 통로이다. 혈관은 크게 동맥, 모세혈관, 그리고 정맥 등으로 나누어 볼 수 있다. 혈관의 기능은 심장에서 나오는 혈액을 온몸으로 운반하고, 온몸을 순환한 혈액을 다시 심장으로 되돌려 보내는 통로 역할이다.

6
심장의 구조

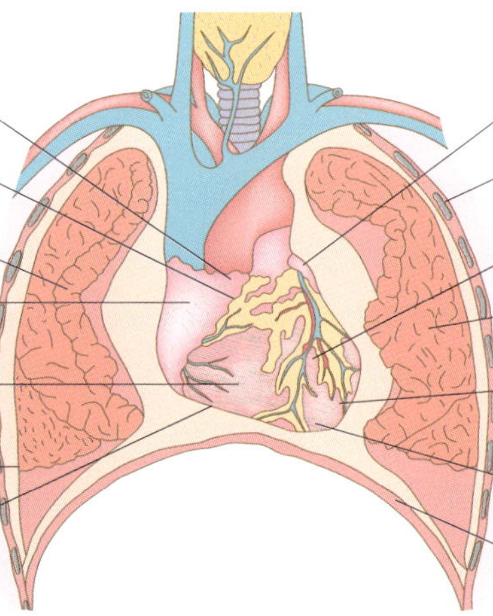

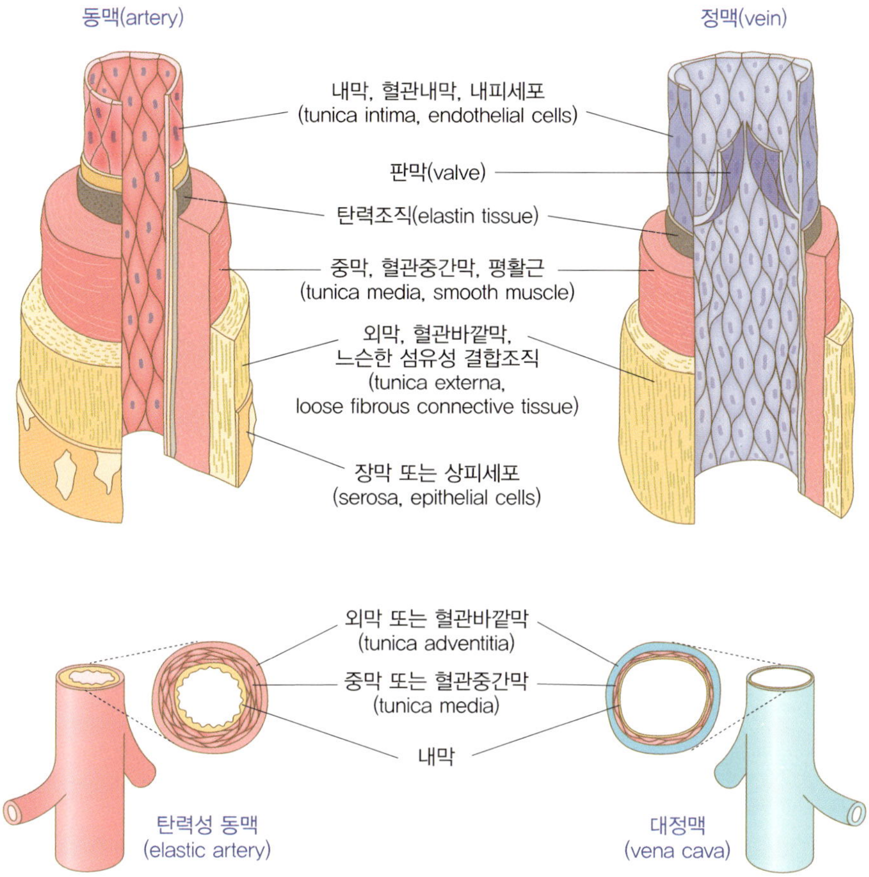

7
동맥과 정맥의 구조

소화계통

소화계통은 섭취된 음식물을 더 작은 분자로 분해한 후 혈액으로 들어오게 하는 일이 주된 기능이다. 음식물의 복잡하고 형태가 큰 성분 분자를 구조가 단순하고 크기가 작은 분자로 분해하는 과정을 소화, 분해된 산물을 혈액 내로 이동시키는 과정을 흡수라고 하는데, 모두 물리적 및 화학적 과정이 포함된다.

이들 과정은 입에서 시작하여 항문에 이르는 긴 관안에서 일어나며, 이 관을 소화관이라고 부르는데, 이것은 다시 구강·인두·식도·위·소장 및 대장으로 구분된다. 또한 소화기관 밖에 있으면서 소화흡수과정에 필요한 물질을 생산

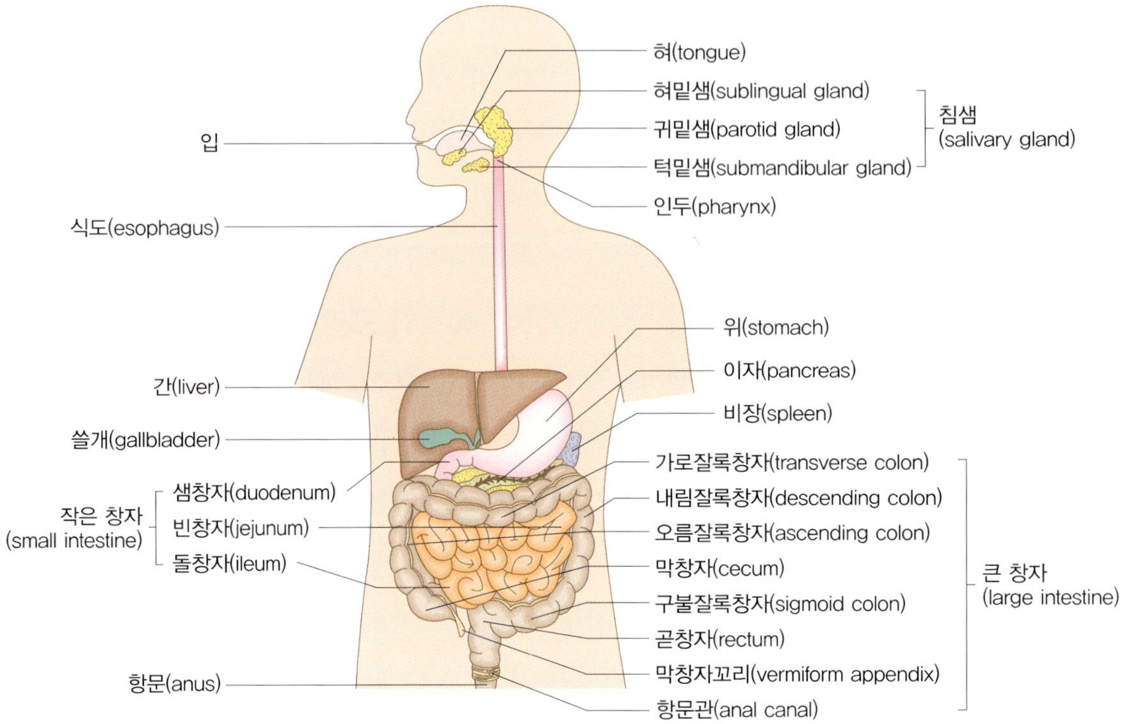

8
소화관과 소화부속기관의 구조

하여 소화관에 공급하고 있는 것을 소화선이라고 하며, 타액선, 간, 그리고 췌장 등이 있다.

호흡계통

호흡은 외계로부터 체내로 산소를 흡입한 후 세포로 운반하여 세포의 대사활동의 결과로 발생한 이산화탄소를 체외로 배출하는 전 과정을 말한다. 그리고 폐에서 일어나는 외호흡은 외계의 공기를 기도를 거쳐 폐에 출입시켜 폐의 모세혈관을 지나는 혈액과 공기 사이에서 가스교환을 일으키는 것으로 이에 따른 기도와 폐를 호흡계통이라고 한다. 호흡계통은 혈액에 산소를 공급하고 이산화탄소를 제거하며, 날숨 시 공기가 성대를 지나면서 소리를 내게 하고, 배의 압력을

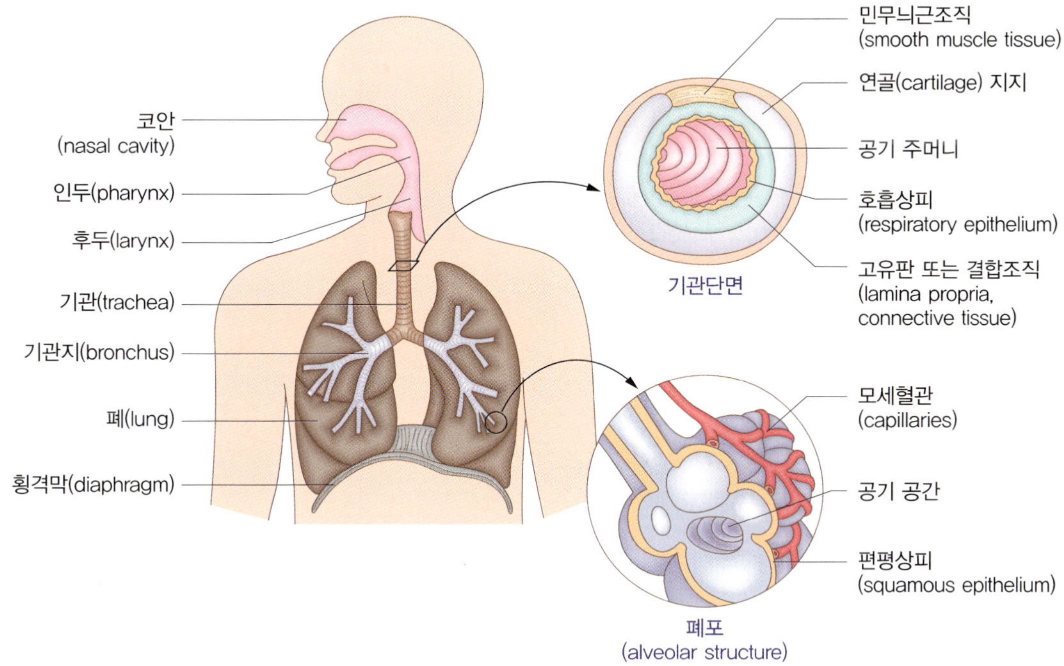

9
호흡계통의 구성요소

조절하여 배뇨, 배변, 그리고 분만 등을 도와주는 기능이 있다. 호흡기는 크게 코, 코안, 인두, 후두, 그리고 기관 등을 포함한 상기도와 기관지와 폐의 하기도로 구성되어 있다.

신경계통

신경은 동물을 식물과 구별하게 하는 지각, 운동, 그리고 분비 등의 여러 기능을 통제하는 기관으로 중추신경계, 말초신경계, 그리고 자율신경계 등으로 이루어진다. 중추신경계는 외배엽 배면에 생기는 신경관에서 발생하고 대뇌와 간뇌의 전뇌, 중간뇌, 교 및 연수의 뇌간, 그리고 소뇌 등으로 이루어지며 이들은 모두 뼈로 보호되고 있다. 중추신경계의 출입력은 12쌍의 뇌신경과 30쌍의 척수신경을 합친 말초신경계가 담당한다. 자율신경계는 교감신경과 부교감신경으로

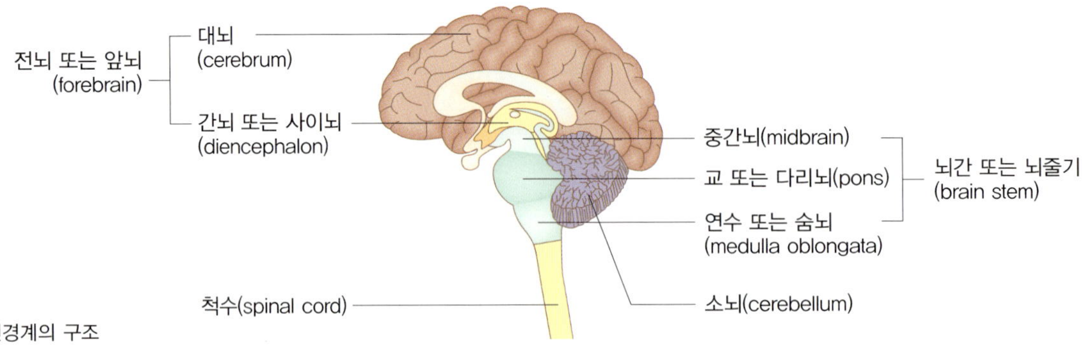

10
중추신경계의 구조

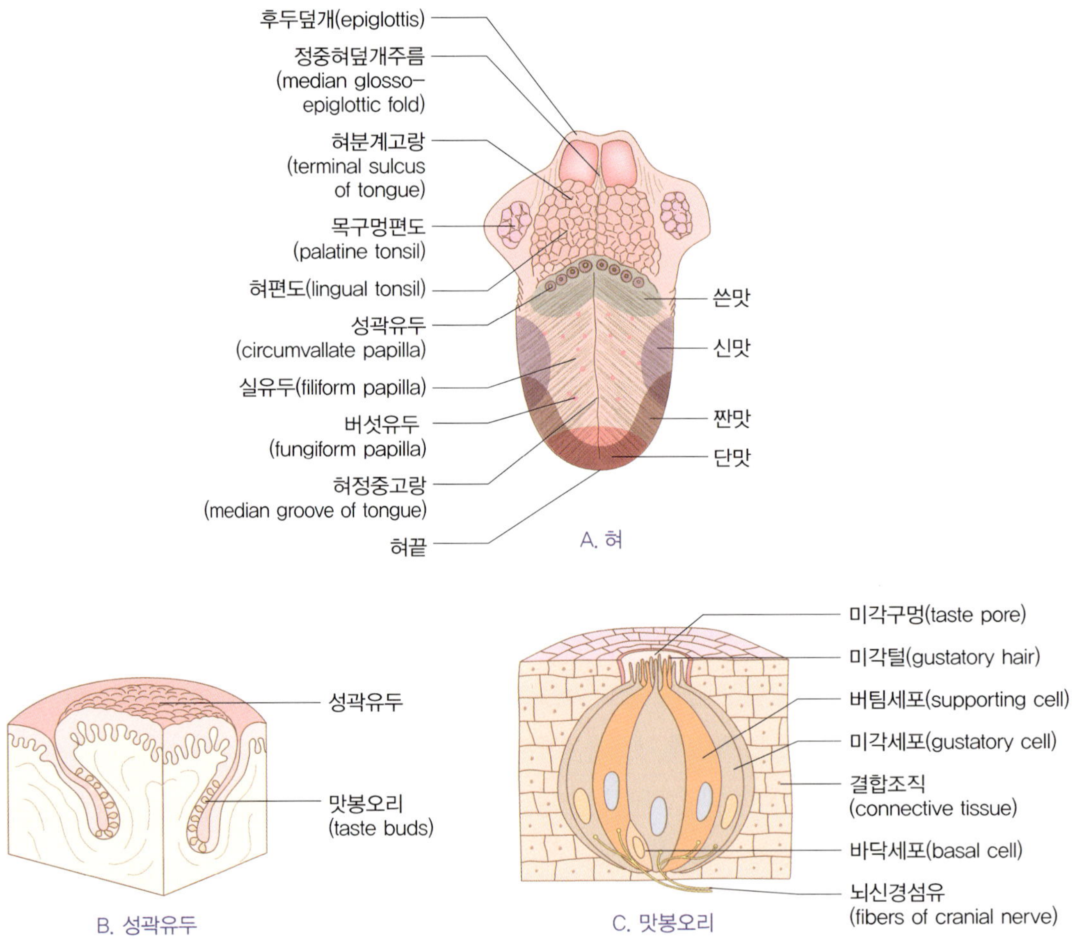

11
혀의 구조

이루어지고 주로 내장과 혈관을 지배한다.

감각계통

인체는 외부환경으로부터 물리적·화학적 자극을 수용하고 반응하여 몸 내부환경의 항상성을 유지한다. 인체 내외의 환경에서 유래되는 자극을 받아들여서 이것을 신경의 흥분으로 전환시키는 수용체를 감각기라고 하며 시상과 대뇌피질에 전달되어 감각을 일으킨다. 이러한 외부 자극을 받아들이는 장치를 감각기관이라 한다. 감각은 피부와 근육, 관절 등에서 느끼는 촉각, 압각, 온도각, 그리고 통각 등의 일반 감각과 눈, 귀, 혀, 코를 통한 시각, 청각, 평형각, 미각, 그리고 후각 등의 특수감각으로 구분한다.

비뇨계통

비뇨계통은 몸속의 배설물인 요를 만드는 신장과 이를 운반하여 몸 밖으로 배설하기까지의 통로인 요관, 요도, 그리고 요를 저장하는 방광 등으로 구성되어

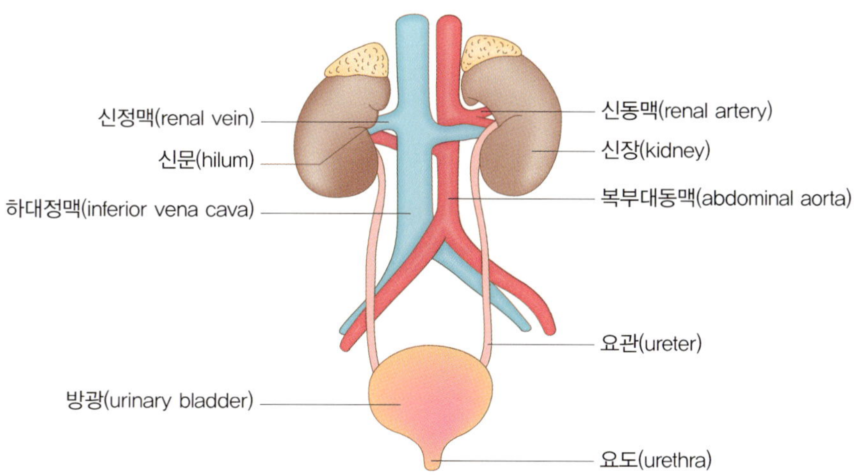

12
비뇨계통의 구조

있다. 비뇨계통의 역할은 오줌을 만들어서 인체의 수분과 전해질의 균형을 조절하고 인체의 배설물을 제거하는 것이다. 인체에서 오줌을 만들기 위해서는 여과, 재흡수, 그리고 분비 등의 세단계가 필요하다.

여과는 여과기에서 혈액을 거르는 것을 뜻하며, 여과기는 다양한 물질을 혈액 속으로 재흡수하기도 하고 오줌의 형태로 몸 밖으로 분비하기도 한다.

생식계통

생물은 종족을 보존하기 위해 개체가 죽기 전에 신세대를 만들어 낸다. 이 현상을 생식이라고 하며 생식에 관여하는 기관을 생식기라고 한다.

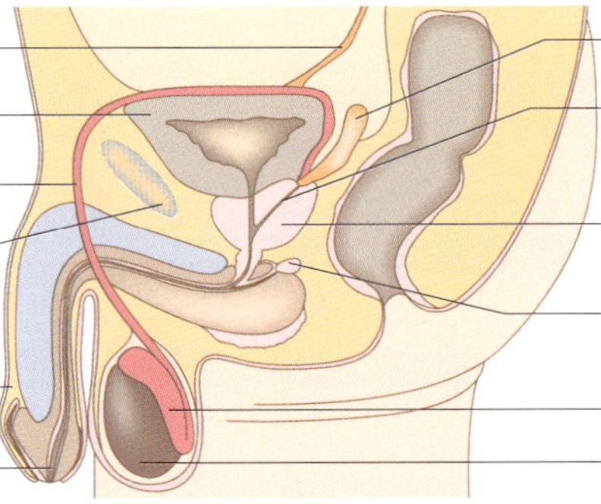

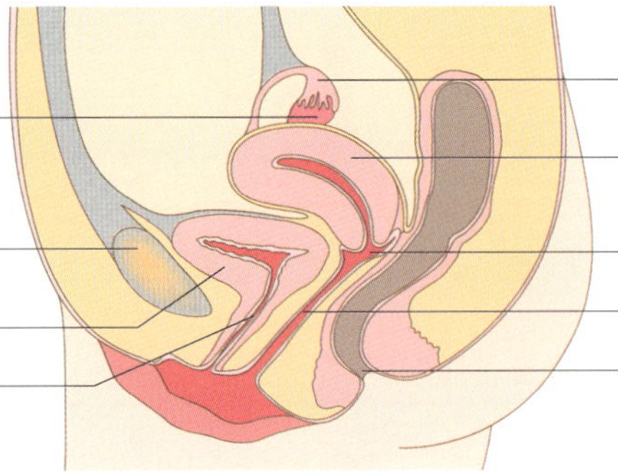

13
남성 생식기의 구조

14
여성 생식기의 구조

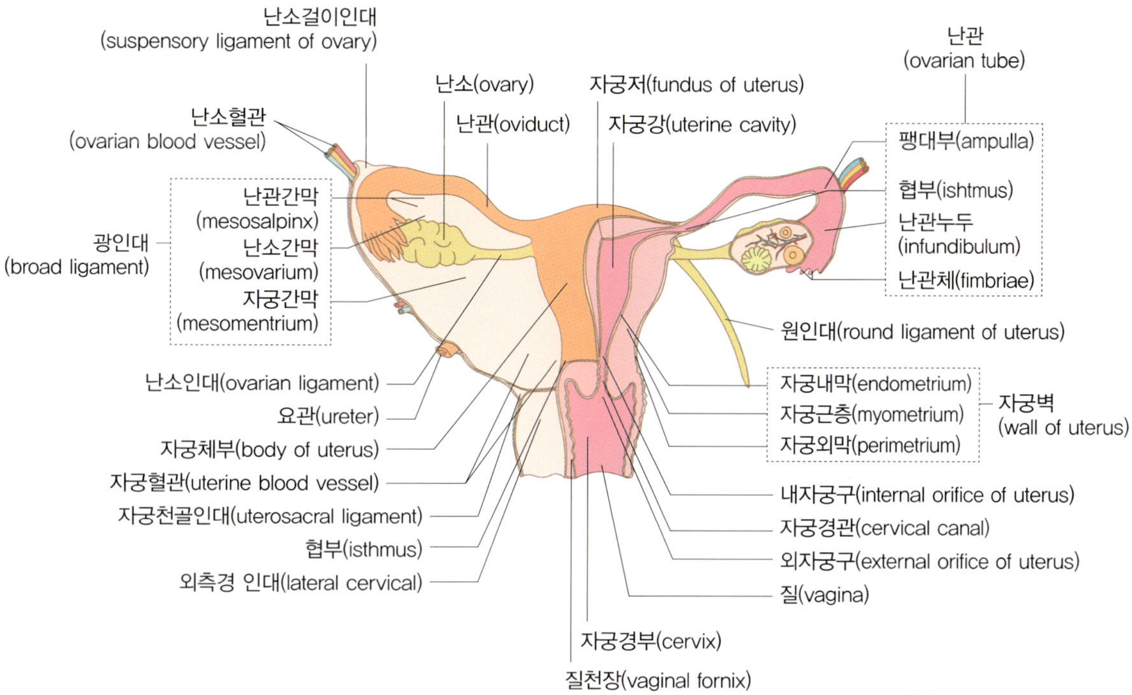

15
자궁의 구조

사람의 생식과정을 보면 남자는 정자를, 여자는 난자를 생산하며, 각각 1개씩 만나서 수정란이 되면 이것이 여자의 자궁 내에서 발육하여 태아가 된다. 태아는 임신 40주까지 자궁에서 발육한 후 분만에 의하여 출생한다.

내분비계통

내분비기관은 일종의 선조직을 구성하고 있어 내분비선이라고도 하며 거기서 일어나는 호르몬의 분비를 내분비라고 한다.

호르몬hormone은 그리스어의 '잠에서 깨어나게 하는 물질'이라는 말에서 유래된 것으로, 표적기관 세포의 기능을 항진하는 작용을 주로 하지만 그 중에는 활동을 억제하는 작용을 하는 것도 있다.

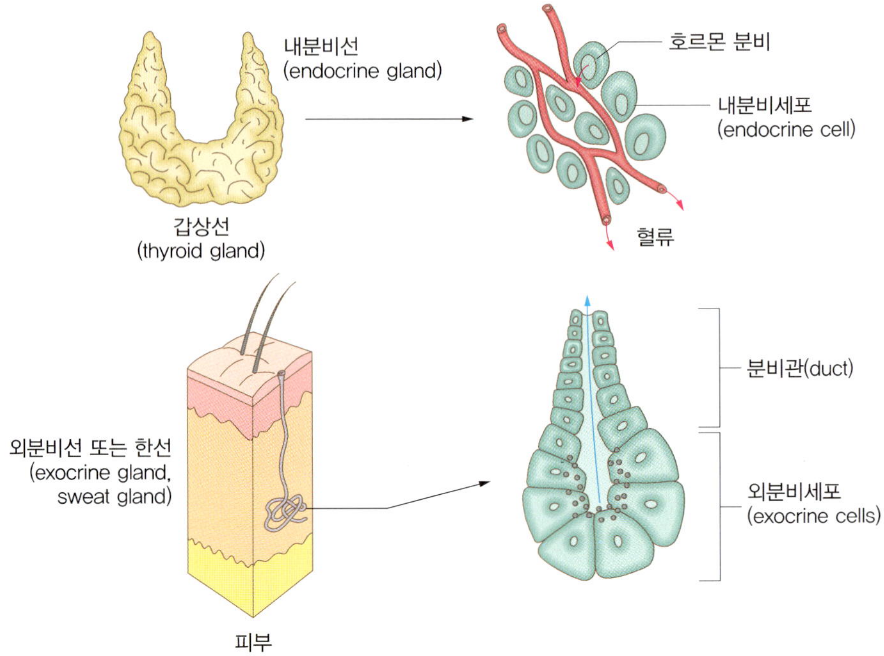

16
내분비선과 외분비선의 구조

성호르몬과 갑상선호르몬 이외의 호르몬은 경구적으로 투여할 경우 소화효소에 의해 분해되어서 무해하며, 분비량이 많거나 적은 경우 생체에 유해하고, 하루의 분비량은 체중, 연령, 성별, 그리고 육체적 활동 등에 따라 결정된다.

생각해 보기

1. 생물체의 특성을 요약해보자.

2. 인체를 구성하는 해부생리학의 세포와 조직에 대해 적어보자.

3. 인체를 구성하는 해부생리학의 계통에 대해 적어보자.

CHAPTER 7

Introduction to Cosmetology

공중보건학

공중보건학의 기본 개념

공중보건학은 국민의 건강을 증진시키는 기술이자 과학으로 학자에 따라 다르게 정의하고 있으나 1920년 미국 예일대학교 윈슬로C.E.A. Winslow의 이론이 보편적으로 받아들여지고 있다. 즉, 공중보건학은 '환경위생의 향상, 전염병 관리, 개인위생에 대한 보건교육, 질병의 조기진단과 예방치료를 위한 의료 및 간호사업 조직, 모든 사람들이 자신의 건강 유지를 위한 적합한 생활수준을 보장받는 사회제도의 확립을 목표로 한다. 조직적인 지역사회의 노력을 통해 질병을 예방하고, 수명을 연장하며, 신체적·정신적 효율을 증진시키는 기술이며 과학이다.'라고 정의하였다.

공중보건학은 지역사회의 공동노력을 통해 생명을 연장하고 신체적·정신적 효율을 증진시키고 건강을 유지하는 데 필요한 삶의 표준을 보장하는 기술이며 공중보건의 주체와 객체도 지역사회 주민으

로 개인이 아니라 지역사회주민이기 때문에 공중보건을 지역사회의학, 또는 지역사회보건학이라고도 한다.

영국과 미국에서는 예방의학preventive medicine이라고 하며, 일본과 독일에서는 위생학hygiene sanitation이라고 하는데, 또 다른 표현으로 사회의학social medicine이나 건설의학constructive medicine이라고도 한다.

건강과 질병의 정의

건강의 정의는 시대의 변천에 따라 조금씩 변화되어 19세기 초에는 신체적인 건강이 중심이 되었으며 19세기 중엽에는 신체적인 것은 물론 정신적인 개념으로까지 확대되었으며, 20세기에는 사회활동까지 건강의 개념으로 변화되었다.

세계보건기구World Health Organization, WHO에서 1948년 4월 7일에 내린 정의에 따르면, '건강이란 단순히 질병이나 허약하지 않을 뿐만 아니라 신체적·정신적·사회적으로 완전히 안녕한 상태를 의미한다.'라고 했으며 사회적인 안녕이란 혼잡한 사회환경 속에서 개인의 역할과 기능을 원만히 수행하여 만족스런 상태의 생활을 하는 것을 의미한다.

심신을 치유한다는 의미로 힐링healing이란 말을 많이 쓰는데, 'heal'의 어원인 'hal'은 '전체적인whole'이라는 뜻이다. 건강을 의미하는 영어 'health'도 신체조건이 양호한 상태라는 뜻의 'hal'로부터 유래되었으며 '신체 상태가 완전하고 양호하다'라는 의미로 주로 신체의 건강에만 국한되었다.

질병이란 인체의 조직 혹은 기관의 이상으로 인해 원활한 생리기능을 수행하지 못해 개체가 받는 각종 자극 및 스트레스에 대한 적응기전에 이상이 생겨 인체의 기능 및 구조에 장애가 초래된 상태를 뜻한다. 질병은 연령이나 각종 질병에 대한 저항력, 영양의 불균형, 좋지 않은 생활습관 등과 병인체 간의 불균형상태에서 생기는 것이다. 병균이 침입하더라도 면역력이 좋을 경우에는 발병률이 낮지만, 면역력이 떨어졌을 경우에는 발병률이 높아진다. 이처럼 질병은 병인, 숙주 및 여러 가지 좋지 못한 환경에 의해서 발생한다.

과거에는 질병 관리를 질병이 발생한 후에 치료하는 데에만 그쳤으나, 이제는 질병이 발생하기 전 환경개선과 운동 등을 통해 육체의 저항성 강화를 목표로 하고 있다.

공중보건학의 역사

서양의 공중보건학 역사

고대

개인위생이나 집단위생에 대한 선사시대의 기원에 대해서는 거의 알려진 바가 없으나 관습 연구나 미개지의 부족들을 연구한 고고학 자료에 의하면 이미 BC 3000년 전부터 미노아인이나 크레타인들은 관개시설이나 화장실 혹은 배수시설을 갖추고 있었으며, 크레타·미케네문명BC 2000년경의 시대에는 정밀한 급수망을 갖춘 도시가 형성되어 있었다.

이와 같이 공중보건의 역사는 인류의 역사와 함께 시작되었다고 볼 수 있으며 세계 4대 문명이 시작된 대부분의 지역에서 도시가 건설되면서 배수관·화장실·의료시설·목욕탕 등 공중보건과 연관된 시설이 과학적이고 체계적으로 조성되어 있었다.

중세

중세시대는 문화적인 암흑기라고 할 만큼 고대 그리스 문명보다 퇴보된 시대였다. 모든 질병의 원인을 신이 내린 벌로 간주하였으며 죄악과 질병 사이에서 기독교가 해결사 역할을 하느라 의학 발전이 제자리걸음을 했던 시대였다.

13세기에는 나병이 유럽에 만연하여 검역제도가 만들어졌으며 14세기에는 유럽 대도시에서 페스트가 유행하여 2개월 동안 여행자를 검역하였다. 15세기말에서 16세기까지는 전 유럽에 매독이 유행하여 접촉전염설이 대두되었다. 페스트에 대한 대책으로 환자 격리소 설치, 환자 색출, 환자의 침상 및 의복소각, 항구 폐쇄, 그리고 검역기간 규정 등 현대와 비슷한 조치를 강구하였다. 중세 말기에는 채광, 주거생활, 환기, 협소한 가로수, 불충분한 배수구, 불량 음료수, 그리고 비위생적 사체 등에 관한 방역 규정이 있었다.

근세

근세는 문예부흥의 시기이며, 침체되었던 중세에서 벗어나 근대 과학 기술이 태동하고 산업혁명으로 인해 공중보건학적 사상이 조금씩 싹트기 시작했다. 생산수단의 도구가 기계로 대체되면서 대량생산이 가능해지고 산업혁명이 가속화되었다. 공장 중심으로 인구가 밀집되어 도시가 형성되자 연소자나 노동자 등에 대한 근로조건이 심각한 보건문제로 대두되어 개인위생보다는 공중보건으로 개념이 전환된 시기이다.

근대

근대는 공중보건학의 내용적·제도적인 분야가 구체적으로 정립된 시기이다. 면역학 및 세균학이 눈부시게 발전하여 예방의학적 개념이 확립된 시기이고 전염병의 근본적인 차단 및 질병예방 활동이 가능해지면서 공중보건 분야가 혁신적으로 발전하였다.

현대

근대의 공중보건학은 독일과 영국 등 유럽을 중심으로 발전했지만 현대의 공중보건학은 미국과 영국을 중심으로 체계화되었다. 1910년 미국의 공중보건협회가 의학에 사회의학을 도입시켰으며 1920년 윈슬로는 공중보건의 정의를 발표하였다. 또 1945년 샌프란시스코에서 열린 국제연합회의에서는 UN의 기초를 마련하고 그 후에 UN헌장에 보건문제를 삽입시켰다.

한국의 공중보건학 역사

고대

고조선시대부터 삼한시대의 사람들은 자연에 대한 신앙과 믿음으로 질병과 재앙을 피하고 안녕과 복지를 추구하였으며 주술의 능력을 가진 사람이 악령을 물리칠 수 있다고 생각하였다. 고대사회의 위생에 관련된 것은 삼국지나 위지동이전 등에 나타난 기록들로 알 수 있듯이 더러운 것을 피하고 결백을 숭상하는 풍습이 있었다.

삼국시대

중국의학이 본격적으로 유입된 시기는 삼국시대 중기 이후로 고구려에는 명의가 있었고 왕족을 치료하는 직제가 있었으며, 백제는 질병을 치료하고 약제를 조달하는 관서가 있었고 의학교육을 담당하는 관직이 있었다. 그리고 신라는 고구려, 백제보다 늦게 중국의학을 도입하였으나 명의가 배출되었으며 의학서도 저술되었다.

통일신라시대

통일신라시대에는 의료행정기관이 있었으며 약전에서 의료를 하는 의사가 있었고 왕실의 의사를 공봉의사라고 하였다. 의학교육제도는 효소왕691년 때 시작되었으며 학생을 교육하는 박사 2명을 두어 관장케 하였고, 불교국가이므로 고승이 당나라와 인도를 내왕할 때 불교와 함께 인도의학이 유입되어 의학 발전에 많은 영향을 끼쳤다.

고려시대

성종 때에는 의박사를 지방에 파견하여 의학교육을 시도하였고 의료제도로는 의약관청인 대의감을 설치하고 궁내의 어약을 맡은 상약국을 따로 두었다. 일반 백성을 위해 제위보를 설치하여 노병과 빈자의 치료를 담당하였고, 역병이 유행할 때 방역도 담당하였다.

고려 후기에는 의학원을 전국 각지에 설립하여 의박사를 두어 의학교육을 담당케 하였고 공양왕 때에는 전의사에서 의학교육을 시행하게 하였다. 고려시대의 제위보는 광종 14년 7월에 서민들의 구료사업을 담당하는 기관으로 설치되었고 동서대비원은 불교의 사상을 받아서 세워진 기관으로 빈민들의 질역疾疫을 치료하는 곳이었다. 또한 서민들의 치료를 담당하는 관서인 혜민국이 세워지기도 하였다.

조선시대

조선시대 초기에는 고려의학을 답습하다가 태조 때 종래의 전의감, 혜민서, 대비원 외에 제생원이 신설되었고, 지방 의료기관인 의원이 설치되었다. 태종 때에는 의녀제도를 만들어 제생원에 근무토록 하였다. 의학교육은 세종 때에 시작되었으며 의원을 임용할 때에는 방서의 습득뿐만 아니라 병의 실제 치료실적도 참고하였다. 약제는 명나라에서 수입하던 것을 지양하고 향약 이용을 장려하였으며 명나라 의서가 수입되기 시작하였다. 의료행정과 의사고시를 담당하는 기관, 왕실의료를 담당하는 기관, 그리고 일반 서민의 치료사업과 도성 내의 감염병 환자를 치료하는 기관 등도 있었다.

조선시대에는 장티푸스, 천연두, 성홍열, 그리고 콜레라 등의 유행에 의해 많은 피해를 입었는데 감염병 예방법은 발달하지 못하였으나 감염병 환자로부터 멀리 떨어지는 것이 예방법이라고 생각하였다. 조선 중기의 의학자 허준은 동의보감을 저술하여 일본과 중국에 이름을 떨쳤으나 조선 후기 의학의 발달은 저조한 편이었다.

개화기

조선시대 말기, 즉 갑오경장을 전후하여 서양의학식 병원이 설립되었고, 보건행정 및 의육제도 등이 서양방식을 따르게 되었다. 서양의학이 도입된 과정은 실학파의 관심, 개화파의 이용후생, 기독교 전도의 수단, 그리고 일본제국주의의 부산물 등이라는 측면에서 관찰할 수 있다. 1899년 6월 내령 제17호로 각 지방에 종두세칙과 감염병 예방규칙이 공포되어 새로운 보건사조가 싹트기 시작하였다. 그리고 1908년 4월에 경시청령 제2호로 제세규칙이 공포되고, 9월에는 제2호로 제세규칙시행 규약을 규정하여 서울시내 오물청소에 대한 규정이 작성되었다.

한편 1899년 3월 칙령 제7호로 의학교 관제가 공포되고 신의학 교육이 시작되었으며 초대 교장으로 지석영이 임명되었다. 서양식 의료기관인 왕립병원 광혜원은 제중원으로 개칭되었으나 1894년 정부의 재정 파탄으로 미국 선교회로 넘어갔고 1899년 제중원 의학교가 설립되었으니 이것이 세브란스 의학교, 즉 연세대학교 의과대학의 전신이다.

현대

8·15해방과 더불어 급격하게 공중보건사상이 도입되어 1945년 9월 24일 위생국이 설치되었고 10월 27일 보건후생국으로 개칭되었으며 1946년 3월 29일 보건후생국이 보건후생부로 개칭되었다.

1949년 7월 25일에는 보건부가 독립되어 의정, 약정, 방역의 3국을 두었으며, 그 후 1955년 2월에 정부조직법이 또 다시 개정되어 보건부와 사회부가 통합되고 그해 2월 17일 대통령령 제1004호로 보건사회부 직제가 공포되었으며 1994년 12월 보건사회부에서 보건복지가족부로 개편되었고, 2008년 보건복지부로 개편되어 현재에 이르고 있다.

공중보건학의 영역

환경위생

환경위생은 인간을 둘러싸고 있는 환경요인을 연구·측정해서 보다 쾌적한 생활환경을 유지하여 인간의 생리적 삶의 질을 향상시키는 것이 목적이다. 세계보건기구WHO의 환경위생전문위원회Expert Committee on Environment Sanitation, ECES에서는 환경위생을 '인간이 신체적·정신적 및 사회적으로 안정된 상태일 때 몸에 유해한 작용을 주거나 영향을 미칠 수 있는 물질적인 환경에 대한 모든 요소를 조절하는 것'으로 정의하였다.

환경위생을 근대과학으로 발전시킨 사람은 페텐코퍼Max von Pettenkofer로, 1866년 뮌헨대학교에 위생학 강좌를 개설하여 환경위생의 기초를 확립하였으며, 스템Stem 등은 인간의 환경을 자연적·사회적 및 문화적 환경의 3가지로 구분하였다.

보건행정

보건행정은 국민보건에 관한 행정으로 보건사업이나 공중보건을 위해 국가나 지방자치단체에서 시행하는 행정적 활동이다. 보건행정의 범위는 각 나라의 역사적 배경과 사회적·정치적 이념, 지리적 위치에 따라 차이를 보인다. 전통적으로 환경위생 중심의 예방의학적 봉사였던 보건행정의 범위는 근래에 들어 예방의학적 봉사를 넘어 치료의학적 봉사와 사회적 봉사를 포함하게 되었다.

보건행정은 공중보건의 학문과 기술을 국민생활 속으로 침투시키는 사회적 과정이며, 보건행정의 목적을 달성하기 위해서는 법적 근거, 충분한 예산, 행정조직, 그리고 인사 등의 4대 기본요소가 갖추어져 있어야 한다.

보건영양

사람은 생존에 필요한 물질을 외부로부터 섭취하고 성장과 조절을 계속한다. 이런 성장과 생활을 계속 영위할 수 있게 하는 것이 영양nutrition이며, 이에 필요한 물질이 영양소nutrients이다. 또한 영양에 관한 연구를 목적으로 하는 학문이 영양학이며 기초영양학과 임상영양학, 그리고 보건영양학 등으로 구분한다.

보건영양은 지역사회 전체 주민의 건강을 추구하기 위해 식품영양과 인간의 관계를 연구하는 학문으로 지역사회 전체 주민의 식생활의 결함을 제거하고 개선하여 충분한 영양섭취를 할 수 있게 하는 데 있다. 따라서 보건영양학을 지역사회영양학이라고도 한다. 영양장애, 단체급식학교, 병원, 산업장 등, 그리고 한국인의 영양실태 및 개선책 등에 대해 연구한다.

공중위생관리법

공중위생관리법은 공중위생법을 폐지하고 새로 제정한 법률로서 다수인을 대상으로 위생관리 서비스를 제공하는 숙박업·목욕장업·이용업·미용업·세탁업·위생관리용역업 등의 위생수준을 향상시켜 국민의 건강증진 기여를 목적으로 하는 관련법을 말한다.

공중이 이용하는 위생 접객업, 기타 위생관련업의 시설 및 운영 등의 사항과 공중이용시설, 음용수, 위생용품의 위생관리에 관한 사항을 규정하여 국민위생용품의 생산·관리, 영업자에 대한 지도·감독, 공중위생 관리, 공중위생 관련 단체, 보칙, 그리고 벌칙 등에 대해 정하고 있으며, 하위법령에는 공중위생관리법 시행령과 공중위생관리법 시행규칙이 있다.

인구문제

인구는 '일정한 기간에 일정한 지역에서 생존하는 인간의 집단'을 말하며, 국민은 국적 공동체, 민족은 정신적·문화적 공동체, 인종은 유전적 공동체를 뜻한다. 인구를 의미하는 'population'은 여러 사람민중이란 뜻의 라틴어 'populatio'에서 유래한 단어이다.

원래는 일반적으로 통계학적 관찰에만 한정되었지만 제2차 세계대전 후 급속히 범위가 확장되고 분과되어 근래에는 인구학은 물론 인구에 관한 모든 연구를 총칭하고 있다. 즉 인구 보건, 인구 조사, 인구 구성, 생명표인구집단에서 출생과 사망에 의한 생명현상을 표시하는 방법으로 생존수, 사망수, 생존율, 사망률, 사력 및 평균여명 등 6종의 생명함수로 표현하는 것, 저출산·고령화, 그리고 인구대책 등에 대해 연구하는 것이다.

가족계획

세계보건기구WHO는 '가족계획이란 근본적으로 산아 제한을 의미하는 것으로, 출산의 시기 및 간격을 조절하여 출생자녀수를 제한하고 불임증환자의 진단 및 치료를 하는 것'이라고 정의하였다. 가족계획 운동이 하나의 국민운동으로 발전하고 있는데, 원래 이 이념에는 인구문제 해결을 위한 정책이라는 관점과 개인이나 가정생활의 향상을 목표로 하는 관점이 있다.

모자보건

국민의 건강을 향상시키기 위해서는 모자보건이 차지하는 비중은 아주 크다. 모자보건법1973에 의하면 '모자보건이란 모성의 생명과 건강을 보호하고 건전한 자녀의 출산과 양육을 도모하여 국민의 보건향상에 기여할 것'을 목적으로 하고 있다.

건강한 모성이 건강한 아이를 낳을 수 있으며 건강한 어머니가 건강한 아이로 성장시킬 수 있다. 모자보건의 대상은 여성이 임신, 분만, 수유하는 기간과 영유아가 학교에 들어가기 전6세까지를 일반적으로 의미한다.

모성보건

모성보건maternal health은 임신부 보건이라고도 부르며 모성은 여성, 즉 임부, 산욕부, 수유부를 총칭하는데 일반적으로 임산부를 칭한다. 일단 임부가 질병이나 이상을 일으키면 모체뿐만 아니라 태아의 생명과 건강에도 직접적인 영향을 준다.

즉 모성보건은 단순히 임신부터 수유기까지의 모체 자신의 건강유지에만 있는 것이 아니라 태아 및 출생아의 건강을 확보하는 데 있다. 모성의 건강관리는 가족들의 협력과 자신의 노력도 필요하다.

정신보건

사회 조직의 복잡화와 더불어 심리적 요인, 환경적 요인, 그리고 유전적 요인 등에 의해 정신장애자나 정신병자가 증가되어 급기야 사회문제가 되면서 정신보건의 중요성이 새삼 강조되고 있으며 정신·인체의학psychosomatic medicine이라는 새로운 의학체계가 등장하게 되었다. 정신보건학이 추구하는 목적은 지역사회 전체 주민이 건강한 정신으로 생활하도록 유도하고 동시에 정신질환을 예방하는 데 있다. 즉 정신장애를 예방하고, 건전한 정신 기능을 유지·증진시키며, 정신질환이 발생했을 경우에는 이를 치료한 후 주민의 사회복귀 등의 목적을 가진다.

식품위생

1955년 제네바에서 열린 세계보건기구의 환경위생전문위원회에서 작성된 식품위생에 대한 보고서에 따르면 식품위생은 '식품의 생육, 생산, 제조에서 최종적으로 사람에게 섭취될 때까지의 모든 단계에서 식품의 안전성, 건전성, 또는 악화 방지를 위한 모든 수단을 말한다.'라고 정의하고 있다. 즉 식품위생은 식품 자체 외에도 첨가물, 기구, 용기 및 포장까지도 함께 취급하고 있는 것이다.

식품위생을 실시하는 데에는 환경위생학과 세균학, 그리고 광범위한 보건행정의 조직이 필요하며, 이를 뒷받침하기 위해 우리나라에서는 식품으로 인한 위생상의 위해 방지 및 식품영양의 질적 향상을 도모하여 국민보건을 향상시킬 목적으로 식품위생법을 제정하였다. 따라서 식품위생의 의의는 우리 인간생활에서 가장 중요한 것이라고 할 수 있으며 식품의 가치는 영양소와 더불어 안전성이 제일 중요하고 아무리 많은 영양소가 내포되어 있더라도 안전성이 없는 식품은 가치가 없기 때문에 이에 대한 위생은 공중보건에서 높은 비중을 차지하고 있다.

산업보건

산업보건은 근로자들이 건강한 심신으로 높은 작업 능률을 유지하면서 오랜 시간을 일할 수 있고, 생산성을 높이기 위해 근로방법과 생활조건을 어떻게 정비해 나갈 것인지를 연구하는 과학이자 기술이며 이를 실천하는 데 목적이 있다.

세계보건기구WHO와 국제노동기구ILO는 산업보건을 '모든 산업장 직업인들의 육체적, 정신적, 사회 복지를 최고도로 증진, 유지되도록 하는 데 있다.'라고 정의하고 있다. 산업의 종류에 따라서 생기는 근로자 집단의 건강장애를 예방하여 건강관리, 직업병의 예방과 치료를 해주며, 산업장의 근로 환경대책을 세워서 산업의 능률과 효율을 가져오는 데 있다.

생각해 보기

1. 공중보건학의 세부 영역에 대해 요약해보자.

---

2. 건강한 삶을 유지하기 위해 자신이 하고 있는 것을 적어보자.

CHAPTER 8

Introduction to Cosmetology

소독 및 감염병과 위생법규

소독 및 감염병

미생물 및 소독법

미생물은 일반적으로 육안의 가시한계를 넘어선 0.1mm 이하의 미세한 생물체를 총칭하는 것으로 주로 단일세포 또는 균사로 이루어진 몸을 가지고 있으며, 최소 생활 단위를 영위하는 생물체로 정의할 수 있다.

조류algae, 세균류bacteria, 원생동물류protozoa, 사상균류fungi, 효모류yeast, 그리고 바이러스virus 등이 이에 속한다. 이들은 지구상 어디에서나 습기가 있는 곳에는 생육할 수 있으며 인간생활과 밀접한 관계가 있다.

소독과 멸균

부패와 발효는 미생물 작용에 의해 일어나며, 사람과 동물의 감염병도 각각 그 질병의 특이한 병원미생물에 의해 발생한다는 것이 19세기 중반에 밝혀졌다. 그러나 사람들은 이전에도 오랜 경험을 통해 나름대로의 근거를 가지고 부패를 막거나 질병의 치료법을 시행하였다.

고대에도 위생의 개념은 있었으나 주로 종교적인 목적이 중시되어 원시적인 방법이 사용되었으며, 별다른 진보 없이 중세 말기까지 암흑시대가 계속되었다. 19세기 중반에 이르러 파스퇴르Pasteur에 의해 오늘날의 방부·소독 개념이 새롭게 싹트기 시작했다.

현대에는 국제보건기구WHO 및 각국에서 실내의 오염 여부를 결정하는 표준이 마련되었고, 무균실과 병원의 바이오클린실 기술이 연구단계에 이르렀다.

소독

감염병의 전염을 방지할 목적으로 병원균을 멸살하는 것으로, 비병원균의 멸살에 대해서는 별로 문제시 하지 않는다. 소독에서 살균은 병원성과 비병원성을 불문하고 미생물을 멸살하는 것으로, 살균 후에는 완전한 무균 상태가 되며 소독과 살균은 같은 뜻으로 쓰이기도 한다. 감염병 예방법 시행규칙에는 소독의 종류와 방법 등이 구체적으로 제시되어 있으며 소독의 방법으로는 소각·일광소독·증기소독·자비소독·약물소독 등이 있다.

소각은 감염병 환자의 의복·침구, 값이 싼 물건, 그리고 두 번 다시 사용하지 않는 물건 등에 적용되며, 의류·침구·기구·방석·도서·서류, 그 밖의 물건에 대해서는 일광에 쬐는 일광소독을 한다. 증기소독은 유통증기를 사용하며, 가급적이면 소독기 내의 공기를 배제하여 1시간 100℃ 이상 습열에 접촉시킨다. 이 때문에 퇴색 또는 다른 것에 염색되기 쉬운 것은 피하고, 의류는 미리 주머니 등을 잘 조사하여 폭발·발화하기 쉬운 것이 있으면 빼내야 한다. 자비소독은 물건을 모두 물에 담그고 30분 이상 끓이며, 약물소독은 소독약을 쓰는 것으로 소독약의 사용법에 따라서 소독한다.

멸균

병원성 유무에도 불구하고 혼재해 있는 모든 미생물을 살균 혹은 제거하기 위해 실시하는 조작이다. 가열에 의한 멸균법에는 화염멸균, 건열멸균, 그리고 고압증기멸균 등이 있으며, 가열에 의하지 않는 방법에는 여과멸균, 가스멸균, 그리고 살균 등에 의한 멸균법이 있다.

감염병학역학

역학의 정의

역학epidemiology의 어원인 그리스어 'Epi'는 upon, 즉 '~에 관하여'라는 뜻이며 'Demos'는 인간people을 의미하며 'logy'는 과학science 또는 학문의 의미를 지니고 있다. 한편 'epidemos'는 어떤 일정 기간에 발병이 급증하거나 일상적인 정도보다 심한 유행성epidemics을 의미하기도 한다.

역학은 인간사회의 집단을 대상으로 인구의 변화와 건강생활에 방해되는 여러 요인들, 즉 질병, 장애, 기형, 사고, 임신, 그리고 분만 등 육체적·사회적·환경적 인자 등을 집단적 현상으로 관찰·분석하여 원인을 규명하고 건강관리의 방향을 제시해 주는 학문이라고 정의할 수 있다.

역학의 역할

역학은 개인의 질병에 관한 것보다 집단을 대상으로, 즉 그 집단에 속해 있는 지역사회나 지역 내에 살고 있는 인구집단이 대상이며, 질병발생양상이란 각종 인구학적·사회학적 변수에 따른 질병 발생의 규모, 분포, 그리고 시간적인 흐름에 따른 발생 경향 등을 포함한다. 질병의 발생, 유형 및 사망의 규모, 분포나 경향이 인구집단이나 지역 또는 시간에 따라 차이가 있거나, 변화가 있다면 어떤 요인에 의해 차이나 변화가 결정되는지에 대한 것을 규명하며, 질병발생 양상의 원인을 규명하면 질병원인을 제거하거나 이에 대한 예방대책을 마련하여 궁극적인 목적인 질병을 예방하는 데 있다.

미용 분야의 위생·소독

미용 관련 분야는 미를 창조하는 데 앞서 무엇보다도 위생과 소독을 철저히 해야 한다.

표 8-1 미용 분야에서의 위생과 소독

구분	위생·소독 분야
헤어 관리 분야	1) 실내 위생 작업장, 샴푸실, 카운터 및 입구, 대기실, 화장실, 세면대 등 2) 기구 및 도구류 소독 가위, 레이저, 클리퍼, 각종 빗 종류, 전기기구, 화장대, 의자, 정리대 등 3) 용품 소독 타월, 가운류, 로드 및 고무줄, 세팅롤, 파마용 고무장갑, 각종 스펀지, 핀이나 클립 등 4) 미용사의 개인 위생
피부 관리 분야	1) 실내 위생 작업장, 카운터 및 입구, 대기실, 화장실, 세면대, 탈의실, 샤워실 등 2) 기구 및 도구류 소독 피부 관리실에서 사용하는 기구와 도구, 피부 관리 분야에서 청결상태를 유지해야 하는 기구나 도구 3) 용품 소독 솜클렌징, 패드, 스패튤라, 해면스펀지, 베드깔개, 터번, 타월, 가운, 랜싯 등 4) 미용사의 개인 위생
메이크업 관리 분야	1) 실내 위생 작업장, 카운터 및 입구, 대기실, 화장실, 세면대 등 2) 도구 및 용품 소독 남은 제품은 화장품 냉장고에 보관, 브러시, 스펀지, 거울, 터번 등 3) 미용사의 개인 위생
네일 관리 분야	1) 실내 위생 작업장, 카운터 및 입구, 대기실, 화장실, 세면대 등 2) 기구 및 도구류 소독 의자, 정리대, 니퍼, 푸셔, 콘커터, 파일, 버퍼, 핑거볼, 네일 드라이기, UV 라이트기, 드릴, 족탕기스파 등 3) 용품 소독 타월, 발 관리 베드 등 4) 미용사의 개인 위생

위생법규

공중위생을 실현하기 위해 국가 및 지방공공단체가 정하는 법을 말한다. 실효성이 있는 위생을 위해서는 개개인에게 자신의 건강 유지, 증진을 맡기는 것보다도 국가적 견지의 행정권 추진이 필요하기 때문에 법규범으로 규제하기로 한 것으로, 법률상 의료법, 의사법, 약사법, 그리고 감염병 예방법 등이 이에 해당한다.

미용에 관련된 법은 공중위생관리법, 감염병예방법, 국민건강증진법, 그리고 화장품법 등을 중심으로 이해하고 실제적으로 적용하기도 한다.

미용법규는 미용과 관련된 사업을 구상할 때 공정하고 합리적 경영을 위해 최소한의 범위에서 필수적으로 지켜야 할 사항들이다. 의문이 날 때 입법 취지와 법안 통과 과정 등을 검토해 보고, 지속적인 연구와 노력을 기울이면 정당한 개인적 자기주장, 구역별 단합방식, 나아가 전체 미용업계의 권익 증진에 대한 방안까지도 생각해 볼 수 있다.

미용위생법규

공중위생업소의 시설 및 통보조항에는 미용업의 시설 및 설비기준이 나타나 있으며, 공중위생업자의 위생관리업무조항에는 위생관리기준, 미용 기구의 소독기준 및 방법 등이 있다. 공중이용시설의 위생관리조항에는 공중이용시설의 실내공기 위생관리기준과 공중이용시설 안에서 발생되지 않아야 할 오염물질의 종류와 허용되는 오염의 기준에 대한 것이 있다.

미용사의 면허조항에는 미용사의 면허 첨부서류와 면허증의 재교부 첨부서류에 대한 내용이 있다. 미용사의 면허취소조항에는 미용사의 면허취소·정지처분 기준이 있고 미용사의 업무범위에는 업무범위와 영업소 외의 미용업무에 대한 내용이 있다. 그리고 보고 및 출입검사조항과 위생지도 및 개선명령조항, 공중위생업소의 폐쇄, 청문 등의 조항이 있고 위생서비스 수준의 평가에는 위생서비

표 8-2 미용업의 행정처분기준

위반사항		행정처분기준			
		1차 위반	2차 위반	3차 위반	4차 위반
(1) 법 제3조의 규정에 의한 시설 및 설비를 유지·관리하지 아니한 때		개선명령	영업정지 15일 또는 일부 시설 및 설비 사용 중지	영업정지 1월	영업장 폐쇄
(2) 법 제4조의 위생 관리의무위반	(가) 소독한 기구와 소독하지 아니한 기구를 각각 다른 용기에 보관하지 아니한 때		영업정지 5일	영업정지 10일	영업장 폐쇄 명령
	(나) 1회용 면도날을 2인 이상의 손님에게 사용한 때	경고	영업정지 5일	영업정지 10일	영업장 폐쇄 명령
	(다) 손님이 보기 쉬운 곳에 면허증 원본을 게시하지 아니한 때	개선명령	영업정지 5일	영업정지 10일	영업장 폐쇄 명령
	(라) 업소 안에서 윤락·음란행위를 묵인하거나 그 행위에 사용할 수 있는 기구 등을 보관하고 있을 때	영업정지 2월	영업정지 3월	영업장 폐쇄명령	
	(마) 점 빼기·귓불 뚫기·쌍꺼풀 수술·문신·박피술 등의 행위를 한 때	영업정지 2월	영업정지 3월	영업장 폐쇄명령	
	(바) 피부미용을 위해 의료기구 또는 의약품을 사용하거나 보관하고 있을 때	영업정지 2월	영업정지 3월	영업장 폐쇄명령	
(3) 법 제9조(보고 및 출입검사)위반	(가) 필요한 보고를 하지 아니하거나 허위로 보고한 때	영업정지 10일	영업정지 20일	영업정지 1월	영업장 폐쇄 명령
	(나) 관계공무원의 출입·검사 또는 기타 업무를 거부·기피하거나 방해한 때	영업정지 10일	영업정지 20일	영업정지 1월	영업장 폐쇄 명령
(4) 법 제10조의 규정에 의한 보건복지부장관, 시·도지사 또는 시장·군수·구청장의 개선명령을 이행하지 아니한 때		경고	영업정지 10일	영업정지 1월	영업장 폐쇄 명령
(5) 법 제17조 규정에 의한 위생교육을 받지 아니한 때		경고 영업장 폐쇄명령	영업정지 5일	영업정지 10일	영업장 폐쇄
(6) 영업정지처분을 받고 그 영업정지기간에 영업을 한 때		면허취소			

(계속)

위반사항		행정처분기준			
		1차 위반	2차 위반	3차 위반	4차 위반
(7) 법 제11조 제1항의 규정에 의하여 풍속관련법령 등 다른 법령에 위반하여 관계행정기관장의 요청이 있을 때	(가) 손님에게 윤락행위·음란행위 기타 선량한 풍속을 해하는 행위를 알선·제공 또는 묵인하거나 이에 대한 손님의 요청에 응한 때 • 영업소 • 미용사	영업정지 2월 면허정지 1월	영업정지 3월 면허정지 3월	영업장 폐쇄명령 면허취소	
	(나) 영리를 목적으로 무자격 안마사로 하여금 의료법령이 정하는 규정에 의한 시술을 목적으로 하는 안마시술 행위를 하게 한 때	영업정지 2월	영업정지 3월	영업장 폐쇄명령	
(8) 법 제6조(미용사의 면허)위반	(가) 국가기술자격법에 의하여 미용사 자격이 취소된 때	면허취소	업무정지 6월	면허취소	
	(나) 국가기술자격법에 의하여 미용사 자격정지처분을 받은 때	업무정지(자격정지처분기간에 한함)			
	(다) 금치산자·마약, 대통령령으로 정한 약물 중독자로 결격사유에 해당한 자	면허취소			
	(라) 이중으로 면허를 취득한 때	면허취소(나중에 발급받은 면허를 말함)			
	(마) 면허증을 다른 사람에게 대여한 때	업무정지 3월			
	(바) 업무정지처분을 받고 업무정지 기간 중 업무를 행한 때	면허취소			

스 수준의 평가와 위생관리등급의 분류가 구성되어 있다. 위생관리등급 공표와 공중위생감시원, 공중위생 영업단체의 설립, 위생교육조항이 있으며 그 외 벌칙과 형벌규정, 과태료, 그리고 과태료의 부과·징수 절차 등의 조항이 있다.

생각해 보기

1. 위생과 소독이 필요한 미용 분야에 대해 적어보자.

2. 일상생활에서 위생을 위해 자신이 실천하고 있는 것을 적어보자.

3. 미용위생법규 중 미용업의 행정처분기준에서 위생관리의무위반 내용에 대해 적어보자.

CHAPTER 9

Introduction to Cosmetology

미용경영

미용경영의 기본 개념

경영학의 정의

경영이란 관계되는 조직을 합리적으로 다루는 과정이다. 인적 자원, 물적 자원, 자본 자원, 그리고 정보 자원 등을 이용한 경영 활동 과정과 이를 효율적으로 유효하게 변화하는 과정, 그리고 궁극적으로 조직 목표를 달성하는 과정 등으로 나눌 수 있다.

경영학은 경영에 대한 학문이므로 어떠한 원리에 의해 어떠한 대상을 연구하는지를 이해하여야 한다. 우리가 경제생활을 합리적으로 영위하기 위해서는 한 나라 전체로서의 국민경제와 함께 구성단위가 되는 개별경제에 관해서 자세히 이해하지 않으면 안 된다. 그러한 국민경제의 구성체가 되는 개별경제, 즉 기업, 병원, 교회, 관청, 그리고 상점 등을 전문적으로 연구하는 학문이 경영학

이며 경제학과 유대하여 우리 인간의 경제활동이나 경제생활에 관한 학문의 양대 핵을 이루고 있다.

미용업이 경영 형태로 정립되면서 실천 학문인 경영학을 미용에 접목시키기가 쉬운 것은 아니다. 그러나 변화하는 미용 환경에서 성공적인 미용 기업을 만들기 위해서는 미용 기업과 조직에 맞는 시스템을 도입하고 미용 기업에 대한 경영학의 접목은 필수 불가결하다.

따라서 미용경영학 분야는 미용 기업의 목표 달성을 위해 미용경영의 개념을 이해하고, 미용 기업이 동원할 수 있는 모든 자원을 활용하여 구성원의 계획, 조직, 지휘 및 통제하는 일련의 과정을 통해 효율적이며 성공적인 미용 기업을 만들 수 있도록 연구하는 실천적 학문이다.

미용경영의 특징

미용 기업에서 경영을 잘하기 위해서는 다음과 같은 것을 미용 기업에 맞게 적용하고 실천경영의 변화를 주어야 한다. 고객 관리, 인적자원 관리, 마케팅 관리, 인성교육 및 접객서비스, 기술 개발 및 교육 관리, 경영자의 마인드와 직원의 마음가짐, 시설과 인테리어, 상권 선택, 제품 판매 관리, 재무 관리, 가격 관리, 광고와 판촉, 미용 상담 심리, 그리고 정보 및 인터넷 등의 각종 자원 활용을 효율적으로 적용해야 한다.

미용은 얼굴, 피부, 두발, 손톱 및 발톱, 그리고 뷰티코디 등의 상태를 개선하고 아름답게 미화시키는 예술인 동시에 과학이다. 즉 헤어, 메이크업, 피부 관리, 두피 관리, 발 관리, 경락, 네일 아트, 분장, 그리고 코디네이션 등을 총칭하는 기술인 동시에 인체미학이라고 할 수 있다.

따라서 미용인은 고객을 건강하고 아름답게 해주는 관리서비스업 종사자로 전문 기술인인 동시에 예술인이며 미와 더불어 건강도 함께 창조하는 보건인이라는 사명을 가지고 일을 해야 한다.

많은 사람들이 미용은 사람들에게 단순한 기술을 서비스하는 것으로만 생각

표 9-1 미용경영의 중요 체크 포인트

구분	경영계획이 있는 미용 기업	경영계획이 없는 미용 기업
고객	중심고객층이 누군가 명확하게 나타나 있다.	중심고객층이 명확하게 나타나 있지 않다.
기술	타깃에 맞는 기술이나 스타일을 특화한다.	중심기술과 특징이 없으며, 스타일이 특화되어 있지 않다.
경영자	기술자로서의 자부심보다 경영자로서의 책임감을 우선으로 한다.	'자신은 기술이 높기 때문에'를 입버릇처럼 말한다.
종업원	항상 생산성을 고려하여 업무를 하며 매출에 신경을 쓴다.	안정적인 종업원의 정착을 바랄 수 없고 항상 종업원이 고생스럽다.
이익	이익은 결과가 아니라 적극적으로 획득하는 것이라고 생각한다.	이익은 열심히 일한 결과라고만 생각한다.
관리	합리적이며 다른 사람이 알기 쉽도록 한다.	모든 일을 적당히 하며, 다른 사람이 알아보기 어렵다.
전략	경영의 비전을 실현하기 위한 명확한 지침이 나타나 있다.	처음부터 전략이라는 개념이 없다.

자료 : 정훈(2000). 미용과 경영. 예림.

하기 쉽다. 그러나 학문의 다양성과 고유한 특징을 이해하게 된다면 미용은 기술인 동시에 과학이다. 또한 미용 매장이 과거에는 개인 또는 개별 소유였으나 오늘날에는 전문화, 기업화된 경우가 많아 미용업을 미용경영으로 보고 과학적으로 경영을 해야 한다는 사고의 전환이 필요하다.

미용경영자

미용경영자는 미용 매장에서 근무하는 직원들과 원장을 포함한다.

새내기 사원

미용학원이나 미용대학교에서 갓 졸업하여 미용 기업에 첫발을 내디딘 사원으로 경력 1년 미만의 직원이다. 이 시기에는 가장 기본적인 일들을 배우고 일정 기간 동안 늘 같은 일을 하게 되며, 근무시간이 과다하거나 다른 직원들과의 갈등이 생길 수 있으나 몇 달간 적응기간만 잘 견디면 본인이 꿈꾸는 목표를 달성할 수 있다.

멋내기 사원

미용에 대해 어느 정도 알고 적응하면서 미용을 좋아하는 시기로 경력 1년에서 3년 미만의 직원이다. 이 시기에는 새로운 미용기술에 대한 욕구가 커지고 미래에 대한 구체적인 계획이 생기며 주변 숍에서 근무하는 직원과 비교하거나 친구들과의 경쟁이 심화되는 때이기도 하다. 때론 계속 미용 분야에서 일을 해야 하는지에 대한 회의도 생기게 되는 시기이다.

예술가 사원

자기 자신의 직업에 대한 자부심과 경영 마인드를 익히는 시기로 경력 3년차 이상의 직원이다. 이 시기에는 고객 관리에 대한 부담, 고객과의 갈등, 오너와의 갈등, 그리고 새로운 스타일에 대한 욕구 등을 겪는다. 더 발전하기 위해 교육에 시간을 많이 투자하는 시기이며 미용인으로서 자신이 가야 할 방향을 정하는 시기이다.

뷰티매니저

미용 기업에서 매니저의 역할은 경영 이념 및 목표를 정확하게 이해하여 경영자의 직무대행을 하는 것이므로 구체적인 업무들은 다음과 같다.

첫째, 직원 통솔 관리와 육성을 한다.
둘째, 복무규율 관리와 일과 관리를 한다.
셋째, 경영자에게 중요 사항을 보고한다.

넷째, 직원의 실적 관리를 한다.

다섯째, 기술을 개발하거나, 시설 및 기기 관리를 한다.

여섯째, 이벤트, 광고, 그리고 판촉 등의 입안 및 실시를 한다.

일곱째, 고객 개발과 관리를 한다.

여덟째, 서비스 관리를 한다.

아홉째, 영업시간 외의 종합적 관리를 한다.

열째, 전문 지식을 습득한다.

경영자원장

경영자는 성공적으로 매장을 운영해 나가기 위해 여러 가지 조건을 갖추어야 하며 그 조건은 다음과 같다.

첫째, 매장 내 모든 사람들의 요구에 귀를 기울여 모든 이의 요구사항을 만족시키도록 노력한다.

둘째, 직원이 성공을 거둘 수 있도록 도와야 한다.

셋째, 직원의 참여를 장려하여 각 직원들의 실적과 인간관계에도 좋은 영향을 미치도록 한다.

넷째, 자신만의 경영 기술을 발전시켜야 하며 경영 교육에 투자하고 같은 업종의 전문인과 교류를 쌓도록 한다.

이와 같은 경영자 조건을 갖추고 미용경영자의 역할을 잘 수행하기 위해서는 다음과 같은 능력을 지녀야 한다.

첫째, 미용 기업의 상권을 파악할 수 있는 능력, 둘째, 특성화된 교육으로 직원들의 능력을 최대한 발휘하게 하는 능력, 셋째, 고객들의 심리를 잘 파악해야 하는 능력, 넷째, 미용 기업에 필요한 인적자원의 확보와 적재적소에 배치하는 능력, 다섯째, 수입, 지출 및 이익 관리를 잘하는 능력이 필요하다. 여섯째, 미용 기업 간의 경쟁 가치를 높일 수 있는 능력, 일곱째, 고객의 변화 흐름을 파악하고 조직을 리드하는 능력, 여덟째, 고객이 만족할 수 있도록 미용 기업 내에 시설

설비 계획을 할 수 있는 능력, 아홉째, 이익 관리를 능률적으로 하여 자산 가치를 높일 수 있는 능력, 열째, 미용을 사랑할 수 있는 인성 교육 능력이 필요하다.

미용경영의 시대적 변천

우리나라의 미용경영은 1920년대 최초 미용 기업인 경성미용원의 개점으로 시작되었는데, 당시 영화배우 지망생인 오엽주가 일본에서 미용 기술을 배운 후 우리나라로 돌아와서 화신백화점 안에 미용실을 열었으며, 광복 이후에는 최초의 미용학원도 개설하였다. 이후 예림미용학원, 정화고등기술학교 등이 생겨나면서 미용 분야의 발전 또한 계속되었다. 1948년 10월 1일 제1회 자격시험 실시 후에는 미용업을 개설하려면 자격시험 합격증이 필요하였다.

1960년대 미용경영은 미용의 초기 단계였던 시기이다. 기술만 있으면 고객이 찾아오는 단계로 미용 서비스 전략의 개념이 없고 기술 숙련이 곧 매출로 연결되었던 기술주도형 경영방식의 시대였다. 미용업에서 미용경영의 개념이 의미를 가지기 시작된 시기는 1970년대부터이다.

1980년대는 국내외의 급격한 경제 성장의 영향으로 인해 미용산업 역시 급속도록 성장하는 단계인데, 기술주도에서 매출에 주력하는 영업 중심 경영방식의 시기였다.

1991년 전문대학에 미용과가 신설되면서 1990년대는 미용경영 분야에서 고객 중심의 상거래가 강조되는 경영 환경으로 변모하였으며 미용산업 역시 고객의 욕구에 관심을 가지고 소비자 만족을 추구하는 기술 서비스의 마케팅 중심 경영방식의 시기였다. 1994년 이후 미용시장이 개방되면서 매장의 대형화, 전문화 및 프랜차이즈화 현상이 급속히 확산되어 매장 간의 양극화 현상이 크게 일어났다.

2000년대 이후 우리나라 미용산업의 규모는 상당히 커졌고 미용업에 종사하는 인력이나 숍이 기하급수적으로 늘어나고 있으며, 보다 세분화되고 전문화되면서 새로운 상품과 메뉴 개발을 통해 소득을 창출하고 있다. 또한 인터넷 보급의 확대에 의해 미용 정보의 수집이 용이해졌으며 고객 관리의 중요성도 점점 커지고 있다. 숍의 입지와 기술력, 고객 관리 능력에 따라 각 매장 간의 격차는 더욱 심해지고 있다.

현재 미용시장에 대한 고객의 소비문화는 급격히 변화하고 있으며, 이제는 한정된 고객의 욕구를 분석하고 대처하면서 고객 정보를 바탕으로 예측하고 주도하는 공격적인 경영전략이 필요한 시기이다.

미용경영을 위한 고객접점 서비스

고객접점의 요소

고객접점은 하드적인 요소, 소프트적인 요소, 그리고 인적 요소 등의 3가지로 구분된다.

하드적 요소는 매장의 시설적인 측면과 상품과 같은 부가적인 시설을 의미하는 것으로 고객이 관리를 받는 동안 사용하는 모든 시설적인 것의 편리함, 편안함, 그리고 안전성 등의 요인을 말한다. 소프트적 요소는 매장의 기술적 측면과 함께 고객 대기시간 및 작업시간의 최소화, 효율화, 고객 서비스 마인드와 고객 감동을 위한 접객 서비스 등을 포함한다. 인적 요소는 고객과의 지속적인 인간관계를 통해 고정 고객으로 확보되는 것을 의미한다. 이러한 인적 요소는 하드적 요소와 소프트적 요소의 결합이 잘 되었을 때 뷰티살롱의 경영자는 물론 직원을 통해 고객에게 감동을 줄 수 있는 고객접점 요소로써 작용한다.

고객접점 서비스의 절차

매장을 찾은 고객들은 만족할 만한 서비스를 받게 되면 다시 재방문을 하게 된다. 효율적인 매장의 운영 요소에는 직원들의 전문 교육과 기술 교육은 물론 고객 서비스 교육, 기업의 홍보, 미용 기업의 내·외부환경, 그리고 가격 결정 등이 포함되며 이것은 매우 중요하다.

환영 리셉션

환영 리셉션reception은 전화업무와 방문 시의 최초 응대를 말하며 의류·소지품의 보관, 가운착용 및 안내를 한다.

카운슬링

카운슬링counseling에는 고객과 관리에 대한 상담, 고객의 현 상태 체크, 조언, 관리에 대한 제안, 결정, 스텝에게 하는 설명 및 지시가 포함된다.

프로세스

프로세스process에서는 관리를 위한 준비, 관리자와 스텝 간의 올바른 커뮤니케이션, 관리에 대한 올바른 작업, 그리고 관리과정 중 고객에 대한 서비스 제공 등을 한다.

애프터 프로세스

애프터 프로세스after process에서는 관리내용에 대한 설명 및 만족도 체크, 홈케어 어드바이스 및 제품 소개, 애프터케어를 위한 재방문 안내 및 차기 관리 안내 등을 한다.

배웅 리셉션

배웅 리셉션reception에서는 관리에 대한 체크 및 변화에 대한 인사말, 의류, 소지품의 반환 및 계산, 관리자 명함 전달 등을 한다. 살롱 밖까지 배웅send-off하고 친절하고 감사한 마음으로 인사를 한다.

표 9-2 상황에 따른 인사법

구분	인사법	상황
목례	• 15° 각도로 허리를 숙여 인사한다. • 시선은 3m 정도 앞을 바라본다.	• 협소한 장소의 인사법 • 자주 마주치거나 친한 사이일 때 • 차 접대 시 인사법
보통례	• 30° 각도로 허리를 숙여 인사한다. • 시선은 2m 정도 앞을 바라본다.	• 고객을 맞이할 때 • 상사 또는 고객을 재차 만났을 때
정중례	• 45° 각도로 허리를 숙여 인사한다. • 시선을 1.5~2m 정도 앞을 바라본다.	• 상사 또는 고객을 처음 맞이할 때 • 고객을 배웅할 때 • 감사의 뜻을 표현할 때 • 사과의 뜻을 표현할 때

인사

숍을 방문하는 고객에게 호감을 줄 수 있는 첫 번째 단계는 인사로, 가슴에서 우러나도록 하며 예의바르고 상냥하며 명랑한 분위기로 한다.

미용 고객 상담 및 관리

상담은 고객들과 얼굴을 마주 보며 이야기를 나누는 것으로 어느 매장에서나 하고 있는 방법이다. 모든 인간은 얼굴을 마주 보며 나누는 대화 중에 어느 정도 인격 형성이 일어나며, 상담의 성과를 기대할 수도 있다. 따라서 상담은 상호간에 심리적으로 협조하여 개인의 인격 변화를 가져오는 것으로 사람과 사람 사이의 상호 이해로 정의할 수 있다.

상담은 고객의 방문 목적, 동기, 그리고 성격 등 필요한 정보를 정확하고 신속하게 확보하기 위해 적절한 질문과 응답 패턴을 개발하여 활용하는 게 좋다. 물론 고객의 현재 상태에 대한 이해와 배려, 인간적인 유대 관계를 바탕으로 삼아야 하고 고객이 궁금해 하는 항목은 구체적인 설명을 하여 납득시키고 이해시켜야 한다.

숍의 경영자 및 직원은 자신의 기술과 전문성을 개발하기 위해 많은 시간과 노력을 투자하지만, 성공하는 숍의 경영자가 되기 위해서는 경영자와 직원 모두 고객과의 의사소통을 위한 노력과 중요성을 명심해야 한다. 따라서 상담은 고객이 숍을 들어서는 순간부터 이루어지는 매우 중요한 부분이라는 사실을 잊어서는 안 된다. 고객이 만족할 수 있는 결과를 얻기 위한 상담을 위해서는 시선의 처리, 표정, 상냥한 말씨, 정확한 발음 및 경어의 사용이 중요하며 무엇보다도 웃는 얼굴과 고객을 위한 마음가짐이 매우 중요하다.

미용 고객의 상담기법

미용 고객을 위한 9가지 상담기법은 다음과 같다.

첫째, 고객에게 정확한 정보를 제시하고 선택하게 해야 한다.

둘째, 고객이 선호하는 스타일과 선호하지 않는 스타일을 확인해야 한다.

셋째, 고객의 이미지에 맞는 스타일을 추천해야 한다.

넷째, 고객의 라이프스타일을 고려해야 한다.

다섯째, 고객에게 관리에 따른 위험성과 주의사항을 분명히 알려야 한다.

여섯째, 관리에 대한 질환 및 문제점이 드러나면 적절한 조치를 알려야 한다.

일곱째, 고객의 결점을 직설적으로 표현하지 말고 우회적으로 느낄 수 있게 표현해야 한다.

여덟째, 불가능하고 좋은 결과가 나올 수 없을 때에는 이유를 설명하고 대안을 제시해야 한다.

아홉째, 고객이 관리 방법을 잘못 이해했을 경우에는 지혜롭게 설명해야 한다.

이미지 메이킹

이미지는 가시적 형태나 행동표현 등의 대상으로부터 느끼는 분위기, 감각, 연상 등 총체적으로 표현될 수 있으며, 인간들의 지각활동을 통해서 형성된다. 인간이 자극을 받으면 느낌이 뇌 속의 이미지와 결합하는 과정을 거쳐 새로운 의미를 가지게 되는 것을 지각화 과정이라고 하는데, 이때 부여된 의미를 이미지라고 할 수 있다. 즉 이미지는 지각화 과정의 자극, 지각, 인지, 태도 및 반응을 통해 주관적이며 선택적인 외부상황을 재표현한다. 그러나 단순화된 고정관념이 아니라 신뢰와 의지 또는 인상의 총합을 의미한다고 말할 수 있으며, 서로의 커뮤니케이션을 통해 표현되는 믿음이 더욱 큰 공신력이다.

이미지의 어원인 'image'는 라틴어 'imago'에서 유래한 것으로 '모방하다'라는 의미를 지녔는데, 이는 부모님의 닮고 싶은 모습을 모방하고, 자신이 닮고 싶거나 유사성이 있는 인물을 선정하여 그를 모방하는 것을 말한다.

처음 만난 상대방의 이미지를 파악하는 시간은 불과 3~15초가 걸리는데, 이것을 스냅snaps 현상이라고 한다. 스냅 현상은 우리 인간의 뇌에서 기억하는 것으로 한 번 각인된 첫인상은 상대방에게 짧게는 6개월에서 길게는 2~3년까지 인식이 되어 처음 받은 이미지가 바뀌는 것은 매우 힘든 일이다. 따라서 고객에게는 첫 이미지를 좋게 보여야 한다.

이미지 메이킹은 있는 그대로의 모습으로 자신의 이미지를 만들어 가는 것이 첫 번째 방법이지만 자신의 진실한 내면을 상대가 알게 되기까지 많은 시간과 만남이 필요하며 또한 많은 사람들에게 자신을 인식시키는 데 한계를 가지게 된다. 또 다른 이미지 메이킹 방법은 자신과 유사한 인물을 모델링하는 것으로 롤모델을 정해 자신의 이미지를 형성해나가면 된다.

이미지 메이킹의 5단계

자신을 구체적으로 파악하기

이미지를 창출하기 위해서는 스스로 먼저 자신에 대해 구체적으로 파악하여 자신을 객관화하며 장점과 단점을 파악하고 선택과 관련한 기회와 위험 또는 장애 요인을 파악하면서 그 흐름에 맞추어 자신의 장점을 극대화해야 한다. 그리고 주위의 친한 사람들과 대화를 통해 평소 느낀 자신의 이미지 등에 대해 평가 및 조언을 구하는 것도 좋다.

표 9-3은 자신의 성격이 창업에 적합한지를 알아보는 적성 검사의 예시이다. 자신에게 해당되는 항목에 표시해보자. 이 설문은 MBTI 적성검사 문항을 토대로 작성한 것으로 항목 당 1점이며 60점 이상이면 A형, 60점 미만이면 B형이다.

자신을 위해 롤모델 설정하기

이미지를 개선하기 위한 첫걸음은 자신의 목표를 수립하는 데 도움이 되는 모델링의 대상을 선정하는 것이다. 자신의 이미지 형성을 위해 추구해나갈 방안을 구체화할 수 있으며 롤모델의 모습과 행동을 모방하고 끝없는 연구를 통해 자신의 발전을 도모해나갈 수 있다. 또한 모방하는 과정에서 자신의 개성이 드러날 수 있도록 노력하여 궁극적으로는 자신만의 특성을 살릴 수 있어야 한다.

자신의 능력 계발하기

이미지는 전체를 대신하는 일부분을 보여주는 것으로 부분적인 이미지를 연출할 수도 있지만 바람직한 이미지는 궁극적으로는 연출이 아니라 자신의 실체 일부가 자연스럽게 드러나야 한다. 가식적이고 인위적인 연출이 아닌 자신의 삶이 배어 있는 진솔한 이미지야말로 고객을 존중하는 최고의 서비스가 되고 기교가 아닌 마음을 전하는 서비스가 최고의 서비스이다. 따라서 서비스의 완성을 위해 끝없는 노력을 하는 것이 중요하고, 자기 계발을 위해서는 적극적이고 능동적인 사고가 필요하며, 자기 확신을 바탕으로 지속적인 노력을 해야 한다.

스스로 아름답게 포장하기

자신의 개성을 살려 이미지를 상황과 대상에 맞도록 표현하는 것이 이미지 포장 및 연출이다. 고객에게 호감을 주고 신뢰를 생성할 수 있는 자신만의 개성 있는 이미지 연출이야말로 현대를 살아가는 우리에게 중요한 것이다.

표 9-3 미용 창업자를 위한 적성 검사 예시

구분	검사 내용
1	듣기보다 말하는 것을 즐긴다. ( )
2	폭넓게 사람들과 교제하는 편이다. ( )
3	다양한 분야에 관심이 많다. ( )
4	행동하기 전에 심사숙고하는 편이다. ( )
5	혼자 조용히 있는 시간이 편하다. ( )
6	다른 사람들의 관심을 받는 것을 좋아한다. ( )
7	시끄러운 장소에서도 잘 집중한다. ( )
8	사람들과 함께 어울리는 시간이 편하다. ( )
9	활달하다는 말을 많이 듣는 편이다. ( )
10	여러 사람과 사귀기보다는 마음에 맞는 친구 1명과 깊이 사귄다. ( )
11	내가 먼저 말하기 보다는 다른 사람의 말을 경청한다. ( )
12	자신에 대한 이야기를 잘하는 편이다. ( )
13	성미가 급하다. ( )
14	기분에 따라 얼굴 표정이 잘 변한다. ( )
15	낯선 환경에 적응하는 데 보통 사람들보다 더 시간이 걸린다. ( )
16	벌여 놓은 일은 꼭 마무리 짓는다. ( )
17	자기과시형이다. ( )
18	대화를 나누다 꼭 옆길로 샌다. ( )
19	대화가 옆길로 새는 것을 못 참는다. ( )
20	대화 도중 남의 말을 가로막는 편이다. ( )
21	정리 정돈을 잘한다. ( )
22	착하다는 말은 어리숙하다는 말처럼 들려서 기분 나쁘다. ( )
23	정리하기보다는 항상 물건을 쌓아두고 지낸다. ( )
24	극장표나 차표 등을 버리지 않고 꼭 모아둔다. ( )
25	항상 메모하는 습관을 지닌다. ( )
26	유행에 민감하다. ( )
27	귀가 얇은 편이다. ( )
28	마음만 먹으면 무슨 일이라도 잘해낼 자신이 있다. ( )

(계속)

구분	검사 내용
29	쓰던 물건에 곧잘 싫증을 느낀다. ( )
30	고집이 세다고 주변 사람들이 말한다. ( )
31	자신이 필요하지 않은 물건은 남에게 준다. ( )
32	비극적인 결말의 이야기를 해피엔드로 개작하는 상상을 한다. ( )
33	학창 시절 문제집을 사면 꼭 끝까지 풀었다. ( )
34	주변 사람 모두에게 관심을 가지고 있다. ( )
35	실용적인 물건을 좋아한다. ( )
36	큰일이 닥치면 침착하게 대처한다. ( )
37	구체적이고 확실한 사실만 믿는다. ( )
38	새로운 지식이나 이론, 기술을 배우고 싶어 한다. ( )
39	머리 스타일이나 옷차림, 집안 장식에 변화를 주는 것을 좋아한다. ( )
40	자신의 영감에 확신을 가진다. ( )
41	미래 지향적이다. ( )
42	가끔 엉뚱하다는 핀잔을 받는다. ( )
43	지극히 상식적인 사람이라는 소리를 들은 적이 있다. ( )
44	식당에 가면 남들이 주문한 것을 그대로 시킨다. ( )
45	돈이 없어 집세나 공과금을 내지 못한 적이 있다. ( )
46	눈물로 젖은 빵을 먹어본 적이 있다. ( )
47	늘 모든 것에 감사하는 마음이다. ( )
48	감상적이고 비논리적이라는 오해를 받는다. ( )
49	재치 있다는 소리를 듣는다. ( )
50	소설보다 자서전을 읽는 것이 좋다. ( )
51	남들은 대수롭게 생각하지 않는 세세한 일까지 기억하는 편이다. ( )
52	남의 실수를 잘 꼬집는다. ( )
53	자신이 한 실수를 스스로 잘 인정한다. ( )
54	남의 흉내를 잘 내는 편이다. ( )
55	사랑의 고백도 부끄럼 없이 직접 말로 한다. ( )
56	논리적인 사람이라는 말을 들으면 기분 좋다. ( )

(계속)

구분	검사 내용
57	로또복권에 매주 응모한다. ( )
58	사교적인 시간을 보내기 위한 모임에 자주 참석한다. ( )
59	다혈질이라는 소리를 듣는다. ( )
60	경제적 여유와는 상관없이 남을 돕는 일을 하고 싶다. ( )
61	건설적인 의도라도 비판의 말은 삼간다. ( )
62	낭만적인 사람이기보다 냉정한 사람이고 싶다. ( )
63	항상 결정을 나중으로 미룬다. ( )
64	새로운 것을 시작하는 것을 꺼린다. ( )
65	매달 목표를 세운다. ( )
66	이국적인 음식을 먹어보는 것을 즐긴다. ( )
67	늘 먹던 것만 먹는다. ( )
68	한번 결심한 일은 끝까지 해낸다. ( )
69	노는 것보다 해야 할 일이 먼저다. ( )
70	새해 결심은 언제나 작심삼일로 끝난다. ( )
71	새로운 환경에 잘 적응한다. ( )
72	다른 사람에게 아쉬운 소리는 못한다. ( )
73	제일 친한 친구에게 돈을 빌린 적이 있다. ( )
74	아무리 절친한 친구라도 돈거래는 절대 안한다. ( )
75	원리 원칙대로 하는 것이 마음 편하다. ( )
76	성공 신화를 이룬 사람들의 이야기에 관심이 많다. ( )
77	자신이 원하기 보다는 판매원이 적극적으로 권하는 상품을 산다. ( )
78	일의 마감 날짜를 꼭 지킨다. ( )
79	자신의 일과 관련되어 만난 사람들은 꼭 기억한다. ( )
80	결과보다는 일을 이루어가는 과정이 더 중요하다고 믿는다. ( )

(계속)

구분	검사 내용
60점 이상이면 A형	성취동기가 넘치는 행동형으로 창업에도 충분한 능력을 발휘한다. 당신은 사교적이며 다양한 활동에도 열성적인 사람이다. 인내심도 강하며 자신과 다른 의견에 대해서도 포용하는 성격이므로, 자신의 의견을 남에게 강요하지 않는다. 하지만 말솜씨가 좋고 화제가 풍부해서 어색한 분위기를 화기애애하게 반전시킨다. 또한, 어디를 가도 대화를 주도하며 수완이 좋아서 당신이 제시한 안건을 받아들이도록 다른 사람의 마음을 움직이는 능력이 있다. 정보 수집을 좋아하고, 이를 매개로 여러 가지 아이디어를 창출해 낸다. 협상 시에는 쌍방의 입장을 고려한 절충점을 능히 도출해내어 협상의 완성도를 높인다. 이론적 지식으로 얻는 것보다는 직접 몸으로 부딪쳐 얻는 경험을 더 중시한다. 상대방과 관련된 구체적인 사실까지 기억할 만큼 우수한 기억력을 지니고 있다. 따라서 합리적인 판단 능력과 원만한 대인관계, 혁신적인 아이디어가 필요한 창업 분야에서도 당신의 능력을 충분히 발휘할 수 있는 준비된 창업자이다.
60점 미만이면 B형	성실한 자기 내실형으로 회사 내에서 뛰어난 직원으로 인정받고 있다. 당신은 겉으로는 온화하지만 속으로는 뜨거운 열정을 지닌 사람이다. 조직이나 상사, 선배를 위해 충심으로 일하면서 자신과 가족에 대한 책임감도 뛰어나다. 자신에 대한 높은 기대치와 원칙을 내면에 간직하고 있기 때문에, 기대를 충족시키기 위해 자신을 혹사할 가능성이 많다. 늘 일을 찾아서 열심히 매진하므로 주변에서 일 욕심이 많다는 말을 듣는다. 외면적인 평온함 때문에 자신의 강렬한 의지를 밖으로 잘 표출하지는 않지만 이상을 같이 하는 사람에게는 마음의 문을 열고 절친한 친구가 된다. 말로 하는 것보다는 글로 표현하기를 좋아하며 논리적이며 개성 있는 글을 완성한다. 다른 사람의 입장을 배려하는 타입이어서 사람들과 대립하거나 갈등하는 일도 적다. 자신의 관심 분야에 관한 일은 시간이 걸리더라도 꼭 완성해낸다. 따라서 당신은 뛰어난 통찰력을 소유하고 있으며 특유의 끈기를 발휘하여 자신의 이상을 실현하여 결국에는 자신의 조직 내에서 유능한 리더로 인정받을 것이다.

자료 : 최영희 외(2011). 미용경영학. 광문각. p.67

기업의 선호 인재상과 이미지 메이킹

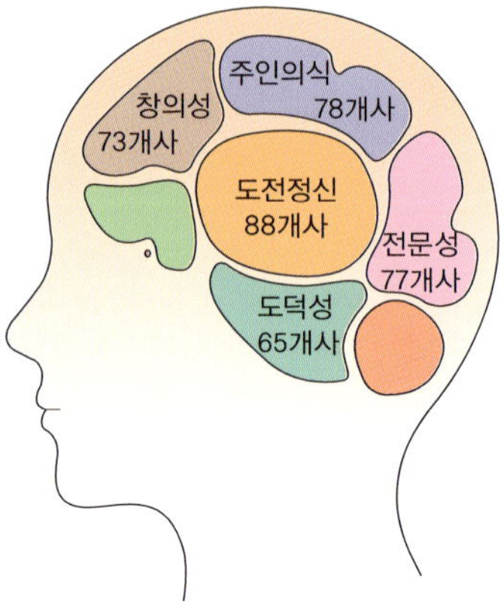

대한상공회의소에서 발표한 국내 매출액 상위 100대 기업이 원하는 인재상에 의하면 가장 많은 88개 기업이 '도전정신'을 꼽았다. 5년 전 2008년 분석 당시 첫째로 꼽았던 '창의성'이 4위로 밀려나고 2013년에는 '도전정신'이 첫째로 달라진 것으로 나타났다.
둘째로 78개사가 꼽은 덕목은 '주인의식'이었다. 이어 '전문성(77개사)', '창의성(73개사)', '도덕성(65개사)' 순으로 나타났다.
소비 증가세의 둔화에 따라 고객을 최우선으로 여겨야 하는 도소매업에서는 '주인의식'을 가장 중요하게 생각하였다. 저성장과 저금리의 경향 속에서 리스크의 축소와 수익 극대화라는 상반된 목표를 동시에 달성해야 하는 금융·보험사들은 '전문성'을 일차적으로 여기고 있었다.

자료: 윤관동(2013. 4. 16). 기업이 바라는 인재상은 도전정신, 그리고 주인의식. 브레인미디어.

자신을 상품화하기

현대사회는 마케팅의 시대이다. 아무리 좋은 물건을 만들어도 마케팅에 실패하면 그 상품은 제 가치대로 평가받지 못하는 것이 현 시대의 특징이다. 이미지 메이킹의 마지막 단계는 바로 자신의 가치를 상대에게 인식시키고 높은 평가를 받아서 고객이 자신을 찾아오도록 유도하는 것이다.

생각해
보기

1. 현재 브랜드화가 된 미용 기업에 대하여 조사하고 그 경영방식에 대해 알아보자.

2. 자신이 운영할 미래 숍의 경영방식에 대해 생각해보자.

3. 자신이 원하는 이미지의 롤 모델을 선정해보자.

PART 2

INTRODUCTION TO COSMETOLOGY

미용학 전공 분야

미용은 헤어 미용, 피부 미용, 메이크업 미용, 네일 미용, 그리고 뷰티코디 등으로 나눌 수 있다. 각 전공미용에 대한 이론과 실제 분야에 대한 기초지식을 익혀 미용학에 대한 전반적인 개념을 습득하고자 한다.

CHAPTER 10

Introduction to Cosmetology

헤어 미용

헤어 미용과 모발의 기본 개념

손님의 머리를 아름답게 꾸미고 개선시키는 것을 헤어 미용이라고 하며, 커트, 파마, 염색, 탈색, 업스타일, 세팅, 블로우 드라이, 그리고 두피 관리 등의 분야가 있다.

헤어 미용의 역사

서양의 헤어 미용 역사

고대 이집트인은 웅장하고 화려한 머리 형태의 가발을 썼으며 자연스러움을 잃지 않도록 컬이나 웨이브로 아름답게 정돈한 것이 특징이다. 그리스에서는 단순화가 진행되어 간결함과 우아함을 합친 세련되

고 단순한 머리 형태가 유행하였다. 로마에서는 평평하고 완만한 웨이브가 등장했으며, 상류층 여성의 머리 형태는 기교와 공들임이 늘어났는데 외형상의 자연스러움은 잃지 않았다.

중세시대의 미혼 여성은 머리를 길게 늘어뜨렸고 기혼 여성은 교회의 엄한 계율 때문에 머리를 가려야 했으며, 여러 가지 종류의 쓰개를 사용하였다. 남자는 세미 롱 헤어로 조절하고 수염을 기르는 일이 많아졌다. 근세시대 여성의 머리 형태는 전체적으로 조촐하고 아담하나 개성적이고 다양한 변형이 이루어졌으며 남자의 머리 형태도 단발 길이에 짧은 턱수염을 붙이기도 했다.

바로크시대에는 남녀 모두 풍성한 웨이브나 완만한 컬을 늘어뜨린 유동적인 머리 형태였고, 로코코시대에는 '가발 시대'라고 일컬을 정도로 머리 모양이 매우 높아졌으며, 장식화된 머리 형태가 패션을 리드하여 복잡함과 기발함, 인공적 기교가 절정에 달했다. 결발사結髮師는 가발을 사용하여 기괴하고 거대한 머리형을 많이 만들어냈다.

근대의 머리 형태는 남녀 모두 자연스럽게 변하여 로맨틱 시대에는 컬을 늘어뜨리는 단순한 스타일을 즐기게 되었고 시뇽chignon과 헤어 블리치가 일반화되었다. 마르셀 웨이브의 기술이 고안되었고 퐁파두르나 부팡bouffant 스타일은 20세기 초까지 계속되었다. 현대의 머리 형태는 단순화가 진행되어 1920년대에는 혁신적인 단발이 등장하였고 독일인 칼 네슬러Karl Nessler가 발명한 퍼머넌트 웨이브는 쇼트 헤어의 모드에도 공헌하였다.

1950년대부터 헤어 디자이너에 의한 최신 헤어 모드가 정기적으로 보도되었고 남자의 머리형은 일관되어 단순하고 극단적인 변화는 찾아볼 수 없었다. 1970년대는 자연주의 지향에 의해 자연스러운 머리 형태를 선호하였고, 1980년대에는 헤어 스프레이와 무스로 스타일링한 풍성하고 부푼 머리가 유행했으며, 1990년대 이후에는 개성적인 헤어 스타일을 볼 수 있다. 2000년대는 대중매체의 발달과 인터넷의 대중화에 따라 개인의 개성을 강조하기 위한 다양한 기법의 헤어 스타일이 나타났다.

한국의 헤어 미용 역사

삼국시대에는 다양한 머리 형태가 있었는데 가체가 발달할 정도로 헤어 미용기술이 발달했으며 그 기술은 일본에도 전파되었고 통일신라시대까지 이어졌다. 고려시대에는 신분과 나이에 따라 머리 형태를 달리하였고 상류층에서는 장신

1
현대의 헤어 스타일

구를 이용한 가체를 사용했고 염색이 확산되었다.

조선시대에 미혼 남녀는 땋은 머리를 하였고 기혼 여성은 신분과 의례에 따라 각기 다르게 하였으며 기혼 남성은 상투를 틀고 의례에 따라 갓을 사용하였다. 개화기에는 기존의 머리 형태와 신식의 머리 형태가 공존하였으며 이후 단발머리가 유행하다가 파마, 세팅, 그리고 아이론 등으로 웨이브를 만들었다.

20세기 중반 할리우드 스타일이 들어와 머리 형태가 점점 서구화되었고 가발과 클리퍼와 레이저를 이용한 커트 기술이 발달하였다. 20세기 후반 여러 가지 특수로드와 기술 발전에 의해 파마와 스트레이트가 유행하고, 패션 가발, 염색, 그리고 탈색 등이 유행하였다. 현재 헤어 스타일은 디자이너들의 다양한 테크닉과 새로운 기술에 따라 연출되고 있으며 스타일링을 할 수 있는 다양한 제품을 사용하면서 훨씬 세련되고 여러 가지 다른 스타일이 공존하고 있다.

모발의 특징

모발의 종류

경모

두피와 얼굴, 손, 발에서 발견되는 거칠며 두껍고 착색된 모발을 경모terminal hair라고 하는데, 두발, 수염 및 겨드랑이털과 같은 장모long hair와 눈썹, 속눈썹 및 코털과 같이 0.5~1.3cm 정도의 단모short hair가 있다.

연모

몸의 전신에 130만 개 정도 분포되어 있으며 사람 특유의 것을 연모lanugo hair라고 하는데, 길이는 1.4cm를 넘지 않으며 음모, 겨드랑이털, 수염, 코털, 그리고 가슴털 등이 있다.

모발의 구조

모표피

죽순 껍질처럼 비늘 형태로 겹쳐 있으며 모발 내부를 감싸고 있는 화학적 저항성이 강한 층이 모표피cuticle이다. 색깔이 없는 투명층이며 전체 모발의 10~15%를 차지하며, 두꺼울수록 모발은 단단하고 저항성이 높다.

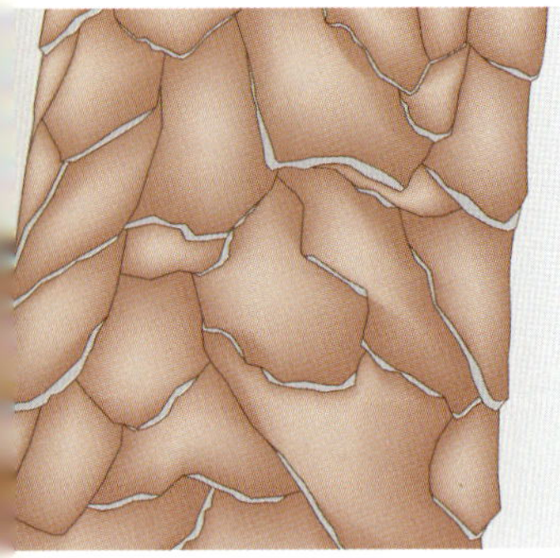

2
모발의 모표피

모피질

케라틴으로 되어 있는 피질세포와 세포 간 결합물질로 구성되어 있는 모피질cortex은 비교적 규칙적으로 나열된 형태의 세포집단으로 모발의 대부분인 85~90% 정도를 차지하고 있다. 모피질은 멜라닌 색소를 함유하고 물과 쉽게 친화하는 친수성이 있으므로 파마와 염색 시에는 모피질을 활용한다. 모피질은 탄력, 강도, 감촉, 질감 및 색상을 좌우하며 모발 성질을 나타내는 중요한 부분이다.

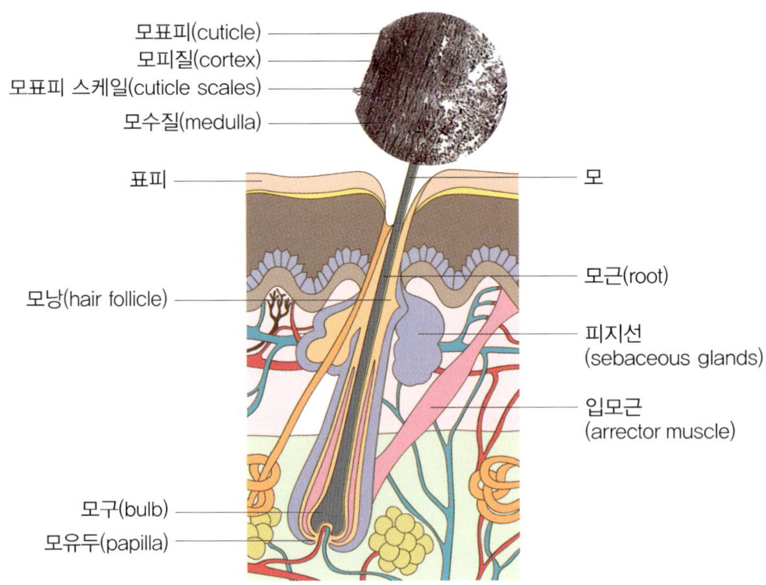

3
모근부의 구조

모수질

연필심처럼 모발 중심부에 있는 모수질medella은 가득 찬 벌집 모양의 다각형 세포가 길이 방향으로 나열되어 있으며, 굵은 모발은 수질이 있으나 가는 모발은 수질이 없는 것도 있다. 일반적으로 모수질이 많은 모발은 웨이브 파마가 잘되고 모수질이 적은 모발은 웨이브 형성이 잘 안 되는 경향이 있다.

모발의 성장

성장기

모발이 성장하는 기간을 성장기라고 하며 퇴화기까지 자가성장을 계속한다. 모유두 내의 모모세포가 모세혈관으로부터 영양을 공급받아 세포분열이 왕성해지는 단계로 전체 모발의 대략 10만 개 정도이며 80~90%를 차지한다. 호르몬, 영양상태, 질병의 유무 및 비타민에 의해 모발의 성장이 영향을 받으며 1개월에 1~1.5cm 정도 자라난다. 성장기의 수명은 보통 3~6년 정도이며, 남자는 3~5년, 여자는 4~6년 정도이다.

퇴화기

모발이 그대로 유지되어 성장기가 정지된 상태를 퇴화기라고 하며, 수명은 1~1.5개월이며, 모발 전체의 1%를 차지한다.

휴지기

모발을 성장시키는 모유두 내의 모모세포 분열이 정지되고 모낭이 축소되어 더 이상 모발 성장이 이루어지지 않는 단계를 휴지기라고 하며, 휴지기의 수명은 3~4개월이며, 전체 모발의 4~15%를 차지한다.

발생기

보통 휴지기가 끝나면 모발이 바로 빠지는 것이 아니라 다

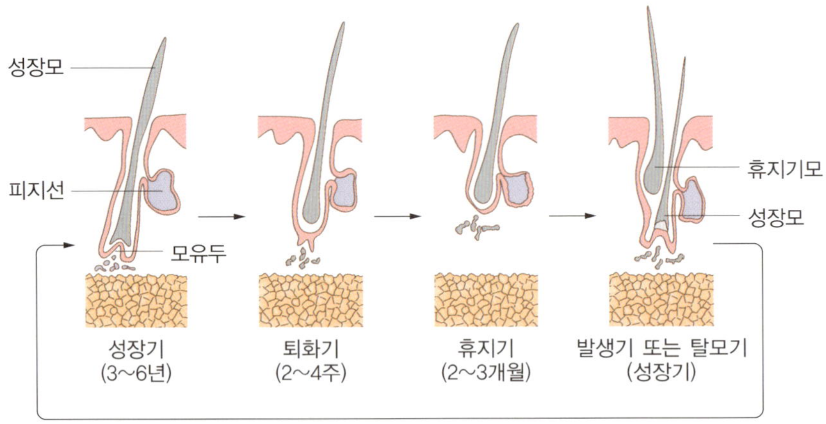

4
모발의 성장

음 성장기까지 모발이 빠지지 않는 시기를 발생기라고 하며 모낭에 둘러싸여 있던 모구부가 모유두와 다시 결합하여 새로운 모발을 생장시키는 시기이다. 모발의 성장속도는 하루에 0.3~0.4mm 정도 자라고 1개월에 1~1.5cm, 1년에 12cm 정도 자란다. 이 성장속도는 개인의 연령, 영양상태, 그리고 호르몬 등에 의해 차이가 있다.

모발의 일반적 성질

모발의 밀도

모발의 숱은 두피 면적의 $6.5cm^2$ 당 위치한 모발의 양으로 측정하는데 모발의 밀도density는 각 개인의 머리카락의 수량에 의해 결정되는데 개인당 대개 9만~15만 개의 머리카락을 지니고 있다. 정상적인 사람의 하루 탈모량은 약 50~80가닥이며 노화가 진행되면 하루에 200가닥 정도 탈모된다.

모발의 질감

모결의 거칠고 섬세한 정도로 질감texture을 측정하며 각 개인의 머리카락 직경에 따라 달라진다. 일반적으로 굵은 모발, 중간 모발, 가는 모발로 나누어지며, 모발 직경이 가늘수록 염색이나 퍼머넌트 웨이브가 잘된다.

모발의 탄력성

모발을 잡아당겼다가 놓으면 원래의 길이로 다시 돌아가는 성질을 탄력성elasticity이라고 하는데, 약하거나 상한 모발은 원래의 길이로 돌아가지 못하고 늘어져 있거나 끊어진다. 건조 모발은 20%, 젖은 모발은 40~50%가 늘어난다. 모발에서 흡수성과 침투성은 중요한 요소로서 이러한 성질이 부족한 모발은 건조하며 부서지기 쉽고 탄력성이 없다. 탄력성은 태양, 환경, 지나친 건조, 열기 및 화학적인 처리에 의해 영향을 받는다.

모발의 습윤성

모발의 습윤성wettability은 수분함유량에 따라 모발상태가 결정되는 것으로 공기층의 습도가 높으면 수분을 흡수하고 건조하면 수분을 빼앗기는 성질을 갖고 있다.

모발의 다공성

모발이 수분을 흡수하는 힘으로 염색이나 퍼머넌트 웨이브 등의 특수처리로 인해 생기는 것이다. 모표피의 상태가 다공성porosity을 결정짓는데, 건강한 모발일수록 모표피가 규칙적으로 겹쳐 있어 염색제나 퍼머넌트 웨이브제를 과도하게 흡수하지 않는다.

모발의 강도

모발의 강도intensity는 모발을 잡아당겼을 때 끊어지지 않고 견디는 힘을 말한다. 모발 한 가닥이 끊어지지 않고 견디는 데 필요한 힘은 150g 정도로 강도가 강할수록 건강한 모발이며 나이, 환경 및 화학적 처리에 영향을 받는다.

모발과 pH

모발 성분은 70~80%가 단백질인데, 단백질은 알칼리의 영향을 받으면 구조가 느슨해져 팽윤과 연화가 되며 반대로 산성에는 강하고 조여져서 단단해진다. 즉 모발은 강알칼리에서는 용해되고 강산에서는 분해되며 모발이 가장 건강한 상태의 pH는 약 4.5~6.5이다.

두피 및 모발 관리

두피 관리

두피 관리는 두피 내의 혈액순환을 원활하게 하고 청결하게 관리하여 모발의 성장과 건강을 도와준다. 비듬 제거 및 방지, 두피의 혈액순환 촉진, 탈모 방지, 각화작용의 활성화, 그리고 유·수분 공급 등을 원활히 하며, 정상 두피 관리법, 건성 두피 관리법, 그리고 지성 두피 관리법 등이 있다.

정상 두피

모발이 두껍고 건강하며 두피가 깨끗한 상태로 모공주변의 윤곽이 뚜렷하며 열린 상태로 노화한 각질이 거의 없다. 모발 굵기는 대략 0.15mm 정도이며 각질 없이 깨끗한 상태를 유지하기 위해서는 청결에 신경을 쓰고 원활한 영양 공급을 꾸준히 한다.

지성 두피

피지선에서 피지 분비가 과도하거나 모공 주위에서의 피지 분비가 원활하지 않아 생기는 두피유형으로 가려움증과 염증을 유발한다. 따뜻한 물로 모공을 열어 유분을 제거하고 샴푸의 잔여물이 남지 않도록 미지근한 물로 여러 번 헹군 후 모공이 다시 닫힐 수 있도록 찬물로 헹구는 방식으로 샴푸한다.

건성 두피

두피의 유·수분 분비가 원활하지 못해 매우 건조하며 모발 역시 푸석푸석한 느낌으로 각질현상이 많고 탄력이 없어 모발상태가 좋지 않다. 원인은 pH가 높은 샴푸제의 사용, 과다한 드라이, 잦은 파마, 염색에 의한 두피의 손상, 스트레스, 그리고 식생활의 변화 등이 그 요인으로 작용한다. 수분 공급과 유·수분 밸런스 조절로 관리한다.

모발 관리

모발 관리는 모발의 손상 원인에 따라 물리적·화학적 방법을 가하여 손상모를 본래의 건강한 상태로 회복시키는 기술을 말한다.

샴푸

샴푸는 더러워진 모발을 청결하게 하고 두피를 자극시켜 모발의 성장에 도움을 준다. 모발이나 두피가 오염되면 세균이 증식해서 불쾌한 냄새와 가려움이 생기며 모공이 막히고 모유두의 기능이 떨어져 탈모의 원인이 되기도 한다.

린스

린스는 사전적인 의미로 '씻다, 헹구다'라는 뜻으로 샴푸 후에 남은 거품을 깨끗이 씻어주는 것을 말하는데, 모발도 부드러워지고 윤기도 나며 탄력이 생겨나 촉촉한 모발로 가꿔준다. 또한 얇은 피막을 형성하여 브러싱이나 겨울철에 정전기로 머리카락이 일어나는 것을 막을 수 있다.

트리트먼트

손상된 모발에 트리트먼트제를 바르고 마사지한 후 열을 침투시켜 모발을 회복시킨다. 퍼머넌트 웨이브의 형성을 돕고 전체적으로 모질을 균일화시키고 더 이상 손상되지 않도록 모발을 보호하면서 윤기를 주고 엉킴을 방지하며 정전기가 일어나지 않도록 한다.

헤어 미용의 분야

헤어 커트

헤어 커트hair-cut는 헤어 스타일을 디자인하기 위한 기초 기술이며, 사전적 의미로는 '조발, 이발' 또는 '머리털을 잘라 다듬음'을 뜻한다. 헤어 커트는 도구를

5
헤어 커트의 도구와 스타일

이용하여 모발을 자르는 행위로 모발의 길이나 형태에 변화를 주고 모발 숱을 정리해서 마무리 짓는 것이라고 할 수 있다.

커트cut는 '짧게 한다'는 의미이다. 짧게 자르는 것은 머리카락에 단차를 낸다는 뜻이며 결국 커트기술이라고 하는 것은 가위, 빗, 레이저, 그리고 클리퍼 등의 도구를 사용하여 머리카락을 얼마만큼 잘라서 어느 정도의 길이를 남겨 놓을 것인지에 대한 단차의 기술이다. 헤어 스타일에 따라서 큰 단차가 필요하고 또 어떤 때에는 미세한 단차가 요구되는 경우도 있다.

6
현대의 헤어 커트

제1차 세계대전이 발발한 후 참전한 남성 대신 많은 여성들이 남성의 일을 하게 되면서 긴 헤어 스타일에서 손질하기 쉬운 쇼트 헤어로 바꾸면서 헤어 커트가 시작되었다. 그러다가 1960년대 비달 사순Vidal Sassoon은 작은 가위mini scissors, 핸드드라이어hand dryer, 그리고 덴멘 브러쉬denman brush 등과 손가락만으로 미용혁명을 일으켰다. 60년대 이전에는 헤어 스프레이로 고정시키는 헤어 스타일이나 롤 브러시에 의한 헤어 드라이어로부터 레이저razor를 사용하는 커트에서 가위를 이용한 블런트 커트blunt cut로 변화하여 부드럽게 움직이는 모발을 창작해 냈다.

우리나라의 경우 개화기 이전에는 남녀 모두 긴 머리의 스타일을 유지하였으며 개화기 이후 단발로 커트를 하기 시작했다. 1960년대 바가지 스타일이 유행하다가 이후 보브 스타일이 유행하였으며, 1970년대부터 커트기술의 절정으로 섀기 커트와 상고머리 스타일이 유행하였다. 1980년대는 레이저와 클리퍼를 이용한 커트가 유행하였고 현재는 헤어 디자이너의 창의성에 따라 다양한 커트기법이 혼용되고 있다.

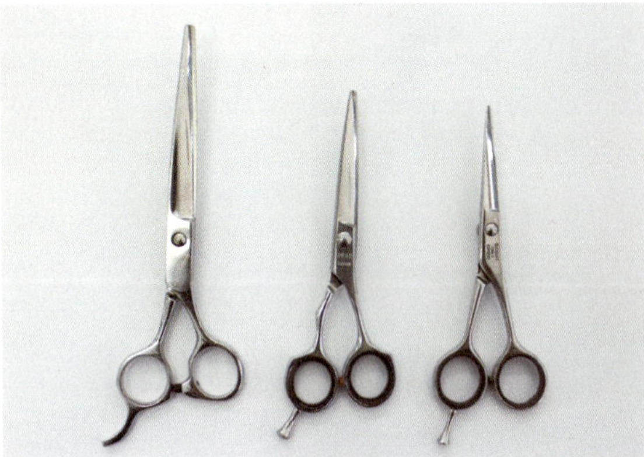

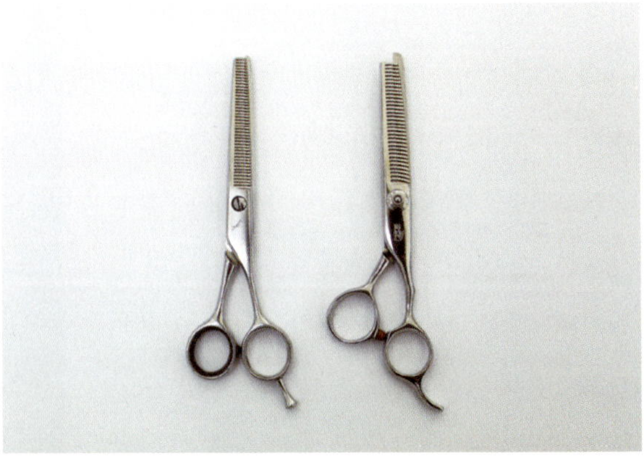

7 8

7
가위의 종류
8
틴닝 가위

헤어 커트의 도구

가위

모발을 자르는 도구로 역학적으로 지레의 원리를 응용하여 만들어진 절단기구이다. 가위scissors의 종류와 길이는 다양하며 재질로는 도자기, 스틸, 그리고 코발트 등 여러 재료로 만들어진다.

가위는 크기에 따라 대·중·소로 나눌 수 있으며 기본적인 가위는 중형의 것으로 양쪽날의 견고함이 같고 그 두께가 얇고 허리가 견고하며, 끝이 뾰족한 것으로 회전축의 잠금 나사가 잘 조여진 것을 선택한다.

틴닝 가위

형태선에서 머리끝을 불규칙하게 만들기 위해 사용되는 도구로 틴닝 가위tinning scissors, tapering shear는 한쪽 날은 곧고, 다른 쪽 날은 톱니 모양이다. 전체적으로 모량을 조절하거나 부분적으로 밀집되어 있는 모류를 해체시킬 때 모발의 힘을 분산시키는 역할을 한다.

빗

헤어 커트 전에 또는 커트 중간에 헤어를 분배하고 조정시키며, 모속을 떠올리거나, 셰이프 위주로 매만지거나 머리카락을 세우기 위해 사

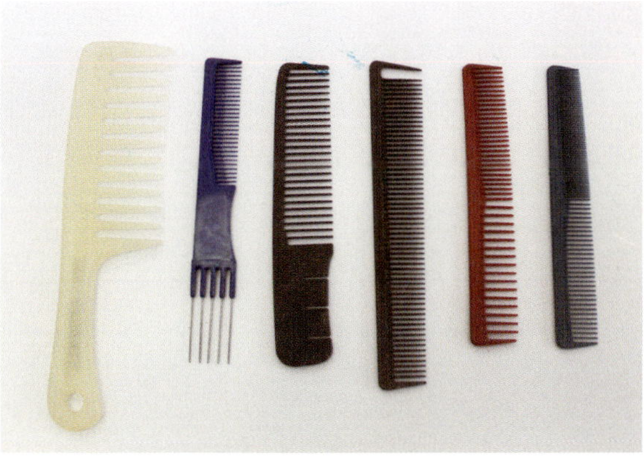

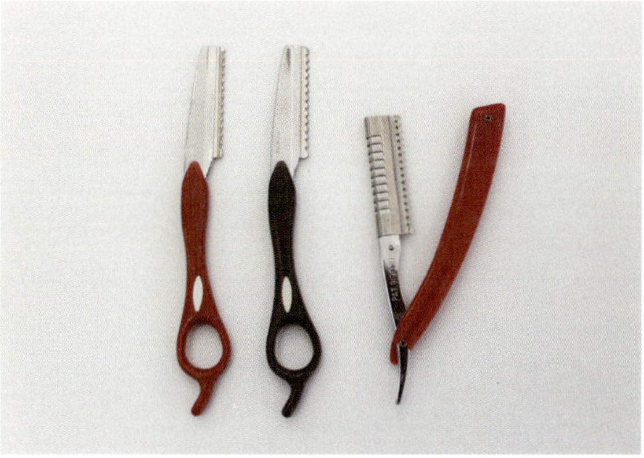

9 10

9
빗의 종류

10
레이저의 종류

용된다. 작은 가위에는 빗살이 가는 빗, 큰 가위에는 빗살이 거친 빗 등 적당한 빗comb을 선택하여 사용한다.

레이저

표현할 수 없는 부드러움과 질감을 내기 위해 사용하는 레이저razor는 뭉툭한blunt cut 것보다 새의 깃털처럼 연결되는 테이퍼링tapering한 분위기를 표현할 수 있는 이점이 있다.

클리퍼

오른손으로 클리퍼clipper를 쥐고 왼손으로 빗을 쥐어서 빗이 모속을 떠올려 각도를 만들면서 클리퍼를 움직이며 커팅하는데, 빗질하는 방법에 의해 헤어는 독특한 질감을 주게 된다. 헤어 스트랜드hair strand에 텐션을 주지 않기 때문에 자연스러운 커트의 느낌을 준다.

11
클리퍼의 종류

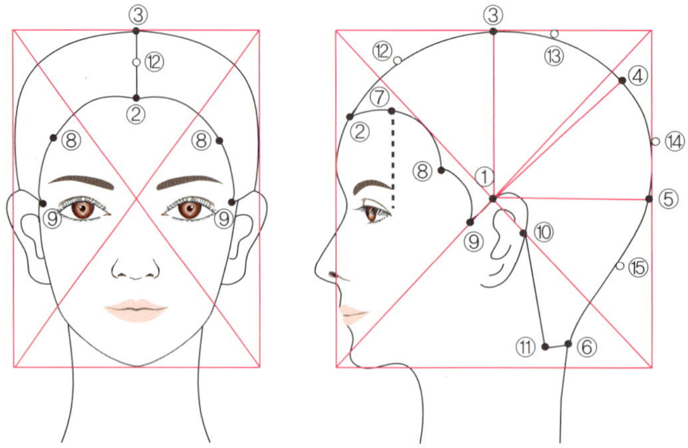

12
두부 포인트

두부의 기본 포인트

두부의 기본 포인트는 총 15개로 다음과 같다.

① EP(ear point)
② CP(center point)
③ TP(top point)
④ GP(golden point)
⑤ BP(back point)
⑥ NP(nape point)
⑦ FSP(front side point)
⑧ SP(side point)
⑨ SCP(side corner point)
⑩ EBP(ear back point)
⑪ NSP(nape side point)
⑫ CTMP(center top medium point)
⑬ TGMP(top golden medium point)
⑭ GBMP(golden back medium point)
⑮ BNMP(back nape medium point)

두부 기본 라인

두부의 기본 라인은 총 7가지로 다음과 같다.

① 정중선은 코의 중심 대칭점에서 머리 전체를 수직으로 내린 선을 말한다.
② 측중선은 TP와 EP에서 수직으로 내린 선을 말한다.

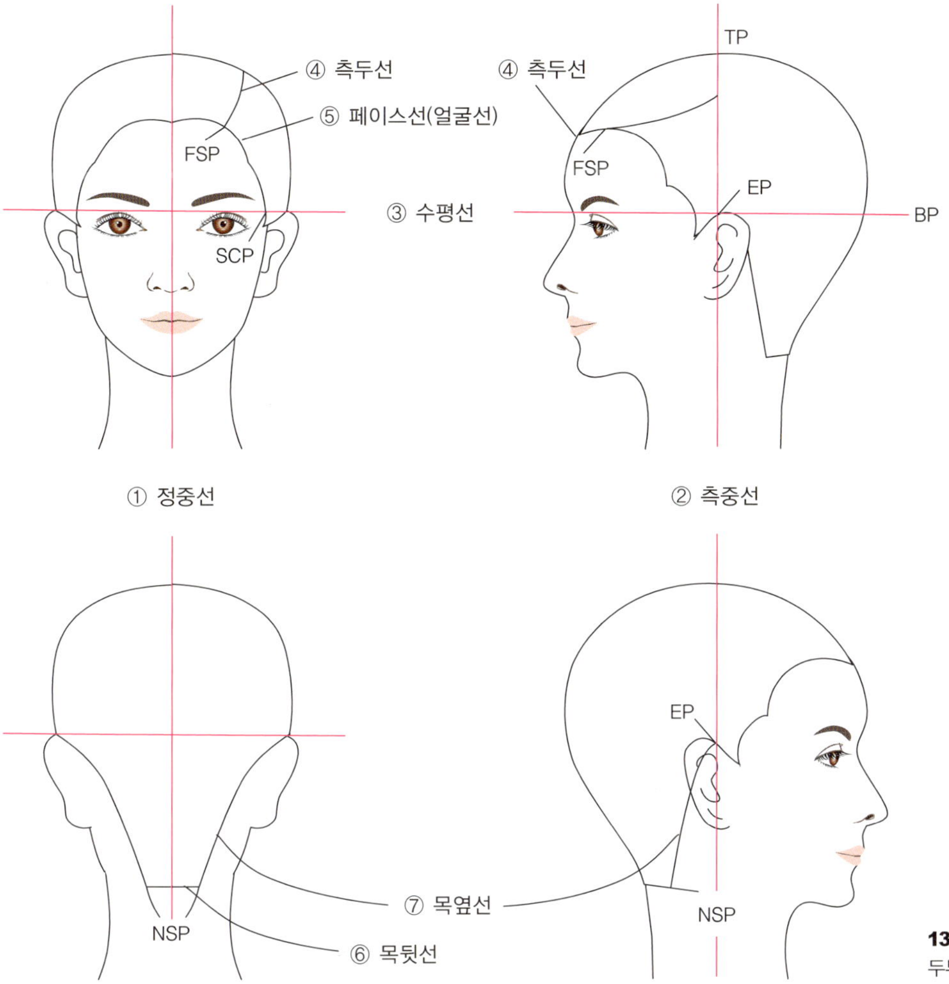

13
두부 기본 라인

③ 수평선은 EP의 높이를 수평으로 두른 선을 말한다.

④ 측두선은 눈끝FSP을 기점으로 하여 머리 앞쪽에서부터 측중선까지를 말한다.

⑤ 페이스선은 SCP에서 CP를 연결해서 전면부에 생기는 선을 말한다.

⑥ 목뒷선은 NSP에서 NSP를 연결한 선을 말한다.

⑦ 목옆선은 EP에서 NSP를 연결한 선을 말한다.

헤어 커트의 기초 용어

블로킹

블로킹blocking은 정확하고 다양한 헤어 디자인을 결정하기 위해 중요한 것이다. 고객의 골격, 모발의 흐름, 머릿결, 머리숱, 모발의 탄력성, 그리고 파마의 유무 등을 정확하게 파악하여 디자인 구상에 따라 블로킹을 나누는 것이 중요하다.

섹셔닝

블로킹한 것을 보다 작은 부분으로 나누는 분할을 섹셔닝sectioning이라고 하며, —형, ∨형, ∧형, ∪형, ∩형 등 섹셔닝의 모양에 따라 커트의 실루엣 라인이 형성된다.

슬라이스

모량을 적게 나누는 것을 슬라이스slice라고 하며 종종 섹셔닝과 같은 의미로 사용된다.

패널

커팅 시 슬라이스를 했을 때 생기는 직사각형의 일정한 모량을 패널panel이라고 말한다.

스트랜드

패널의 일부분을 적게 나누어 잡은 머리 다발을 스트랜드strand라고 말한다.

베이스

스트랜드의 기본, 토대 및 뿌리를 베이스base라고 말한다.

헤어 커트의 분류

원랭스 스타일

헤어가 전체적으로 단차가 전혀 없고 하나의 라인에서 만나는 커트가 원랭스 스타일one length style이다. 층이 없이 동일선상에 있으므로 네이프의 헤어가 짧고 위쪽으로 올라갈수록 점점 길어져 아웃라인에 무게감을 형성하고 강한 느낌을 준다. 특히 모량이 많고 가지런한 스트레이트 헤어의 원랭스 라인은 한층 더 단정하고 세련된 느낌을 연출할 수 있다.

그래듀에이션 스타일

볼륨감을 유도하는 가장 대표적인 커트 테크닉이자 스타일의 명칭인 그래듀에이션 스타일graduation style은 아랫머리보다 윗머리를 짧게 쳐내는 테크닉으로 원랭스보다는 가벼움을, 레이어보다는 무게감을 형성한다. 특히 동양인의 경우 납작한 후두부에 볼륨감을 만들어주는 데 사용한다.

레이어 스타일

방향, 움직임 및 가벼움을 표현하는 데 사용되는 커트가 레이어 스타일layer style이며 모발에 움직임을 주어 질감의 변화를 연출할 수 있으

14 15

14
원랭스 스타일

15
그래듀에이션 스타일

16 17

16
레이어 스타일

17
콤비네이션 스타일

므로, 특히 동양인의 직모에 매우 효과적이다. 전체적인 모발의 길이가 같거나 윗머리가 아랫머리보다 짧은 상태에서 가벼움을 느낄 수 있으며 쇼트 스타일에서 롱 스타일까지 다양하게 응용될 수 있는 테크닉이다.

콤비네이션 스타일 ◢
다양하고 세련된 커트를 하기 위해서 두 종류 이상의 커트 형태를 혼합하여 스타일링 하는 것이 콤비네이션 스타일combination style이다.

퍼머넌트 웨이브

퍼머넌트는 '영구의, 영속의', 웨이브는 '물결'이라는 뜻으로 모발에 전열기 등의 열이나 약을 사용하여 장기간 웨이브 형태로 고정시키는 일, 또는 그 머리 형태를 말한다. 열을 이용하는 것을 히트 웨이브, 약을 이용하는 것을 콜드 웨이브라고 한다.

즉, 퍼머넌트 웨이브는 자연 상태의 모발에 물리적·화학적인 방법을 가해서 모발의 구조나 형태를 변화시켜 웨이브 상태를 형성하여 그 웨이브를 오랫동안 지속시켜주는 것이다.

서양의 경우에는 BC 3000년 경 고대 이집트인이 나일강 유역의 진흙을 모발에 바른 후 나무봉에 감아 태양빛에 말려서 모발에 웨이브를 만든 것이 퍼머넌트 웨이브의 시초라고 할 수 있다. 그리스와 로마시대에는 불로 데운 철 막대기로 웨이브를 만들었으며 이와 같은 퍼머넌트 웨이브 기법이 오랫동안 지속되다가 19세기경에는 석유램프로 열을 가하여 모발에 웨이브를 만들었다. 퍼머넌트 웨이브는 20세기 초 런던에서 발표하였고 미국에서 실용화되었으며 1922년경부터 유행하였다.

그 후 열을 가하지 않는 퍼머넌트 웨이브가 생겨났는데 보건위생상 무해하고 냄새가 비교적 적은 콜드 퍼머넌트 웨이브제를 제조하였다. 현재 사용되는 퍼머넌트 웨이브는 이 콜드 퍼머넌트 웨이브를 말하며 손상모발이나 염색모와 탈색모에서 모발의 자극을 덜어준다. 일반적으로 퍼머넌트를 줄여서 파마라고도 한다.

우리나라의 경우 1930년대부터 퍼머넌트 웨이브를 하였으며 가격이 매우 비싸 부유층 여성들만의 전유물이었다. 1940년대에는 일반 여성들도 퍼머넌트 웨이브를 했으며 1950년대 이전의 전기 파마에서 불파마가 개발되었고 이후 개발된 로드와 기술에 의해 퍼머넌트 웨이브의 종류가 다양해졌다.

퍼머넌트 웨이브를 형성시키는 방법은 크게 열에 의해 웨이브를 형성시키는 히트 퍼머넌트 웨이브heat permanent wave와 알칼리성 환원제의 환원작용에 의해 시스틴 결합을 절단시킨 후 다시 환원제를 사용하여 분리된 시스틴 결합을 재결합시켜 웨이브를 만드는 콜드 퍼머넌트 웨이브cold permanent wave로 구분할 수 있다.

18
퍼머넌트 웨이브

퍼머넌트 웨이브의 종류

산성 퍼머넌트acid permanent는 부드러운 컬과 함께 유연한 컬을 만들어낸다. 산은 모발에 천천히 흡수되기 때문에

19
스폰지롤

시간 단축을 위해 열을 사용한다. 알칼리 퍼머넌트보다 모발이 덜 손상되며 가늘고 예민한 모발이나 손상되거나 염색된 모발에 사용하면 좋다.

알칼리 퍼머넌트alkaline permanent는 열 없이 빠른 속도로 컬을 만들어 낼 수 있다. 이 경우 컬은 매우 강하게 나오므로 손상된 모발에는 하지 않는 것이 좋다.

열 퍼머넌트exothermic permanent는 탄력 있는 컬을 만들어내며 모든 모발에 잘 어울린다. 열이란 퍼머넌트 약을 발랐을 때 일어나는 화학작용에 의한 약한 열을 의미한다. 이 열로 인해 화학성분이 모발에 흡수되는데, 이때 약은 모발을 새로운 형태로 바꾸어 놓는다.

미용사법에 의해 퍼머넌트 웨이브는 미용실에서 하는데, 시술 전의 세발은 콜드액이 침투하기 쉽도록 머리털의 때를 씻어 내는 정도로 그치고, 손톱으로 긁어서 두피에 상처를 내면 안 된다. 헹굴 때는 린스를 사용하지 않으며 민감성인 사람은 미리 팔목에 패치 테스트를 하여 이상이 없을 경우에 하고, 머리털이나 두피에 손상이 있는 경우, 염색머리 및 표백머리일 경우에는 파마를 하지 않는다. 당뇨병, 빈혈, 임신 1~2개월, 산후 1~3개월, 그리고 기타 알레르기 체질인 사람 등은 주의를 요한다. 파마를 할 때 파마약이 얼굴·목 등의 피부에 묻지 않도록 주의한다.

블로우 드라이

블로우 드라이는 '바람이 불다'라는 뜻으로 헤어 드라이의 열과 바람을 이용하여 젖은 모발을 빠른 시간 내에 건조시키는 것으로 드라이라고 줄여 말한다. 모발에 여러 종류의 브러시와 빗을 이용해서 스타일을 만드는 기술을 말하며 블로우 드라이에서 가장 중요한 것은 일정한 텐션에 의한 모발의 방향, 볼륨감, 그리고 윤기 등을 원하는 형태로 표현하는 것이다.

1890년대 프랑스인 헤어 드레서 알렉상드르 고드프루아Alexandre F. Godefroy는 자신의 미용실에 최초의 블로우 드라이 헤어 드라이어를 설치하였다. 이 드라이어는 굴뚝에 부착된 보닛의 형태로 구성되었다. 헤어 드라이어는 고드프루아가 설계한 제품을 기반으로 빠르게 개선되었다.

20
드라이

블로우 드라이의 역사는 1966년 프랑스에서 처음으로 시작되었으며 처음에는 브러싱brushing이라고 불렀다. 1970년에 롤카 미용실의 모와누 부인이 브러싱이라고 등록했으며, 영국에서는 비달사순Vidal Sassoon이 커트 앤 블로우 드라이라는 이름으로 젊은 여성에게 시행하여 인기를 얻기 시작했다. 우리나라에는 1970년부터 보급되었고, 그 이전의 아이론과 세팅은 1980년대까지는 블로우 드라이와 함께 사용되기도 했다. 1980년대 이후 블로우 드라이 스타일링이 정착되었으며 2000년대부터는 블로우 드라이 스타일링과 프레스 아이론이 사용되었다.

블로우 드라이를 할 때에 기름때가 낀 머리로는 볼륨을 얻을 수 없으며 모발에 수분이 너무 많으면 스타일을 내기가 어렵고 손상되기 쉬우므로 모발의 수분을 20~25% 정도 남겨 드라이한다. 블로우 드라이 시에는 드라이어 노즐이 모발에 직접적으로 닿지 않게 해서 모표피가 손상되지 않도록 브러시에서 약 0.5~1cm 정도 띄워서 시술해야 한다.

헤어 드라이는 모발이라는 매개체를 이용하여 평면적인 커트에 입체감을 살려 디자인을 표현하는 테크닉이다.

블로우 드라이어의 종류

드라이어에는 강약의 조절이 되는 바람과 열로 스타일을 만들어내는 블로우 드

21
디퓨저 드라이어

라이형blow dryer type이 있고 모발이 날리지 않게 모발을 말리는 역할을 하는 후드 드라이어형hood dryer type이 있다. 그리고 빗살이 달려 있어 빗살 사이로 열과 바람이 나와 빗으면서 드라이를 할 수 있는 에어웨이브 드라이어air wave dryer, 원적외선의 빨간 불빛이 나오며 약한 열과 바람으로 모발을 손상 없이 건조시키는 램프 드라이어lamp dryer가 있다. 그리고 블로우 드라이의 노즐을 디퓨저로 교체하여 파마 모발이나 세트모발에 흔들림 없이 스타일의 완성상태를 열과 바람으로 만들어내는 디퓨저 드라이어diffuser dryer도 있다. 이중에서 블로우 드라이어형을 가장 많이 사용한다.

블로우 드라이의 구조 및 명칭을 보면 모터motor, 팬fan, 니크롬선nichrome wire, 조

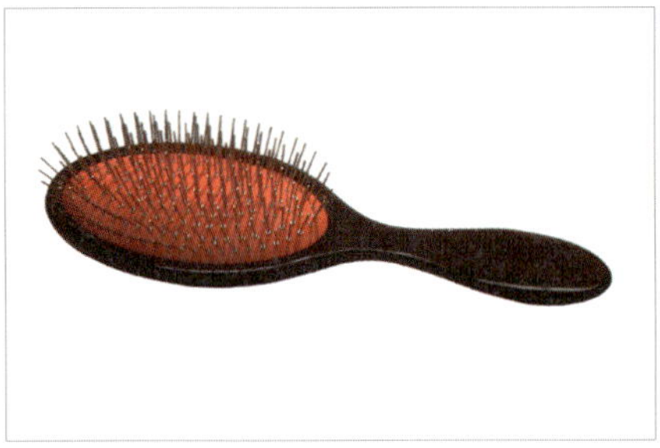

22 23
24 25

22
쿠션 브러시

23
덴맨 브러시

24
콤 브러시

25
유러피언 롤 브러시

절 스위치control switch, 그리고 블로우 드라이 노즐blow dry nozzles 등으로 되어 있다.

브러시는 빗살 끝이 둥근 유연한 고무 패드로 고정된 나일론 강모로서, 모발 손상을 방지하며 헤어 드라이어로 매만질 때 헤어의 흐름을 자연스러운 움직임으로 유도시키며 부드러운 커브curve를 준다. 세척할 때 쉽게 분해될 수 있으므로 아주 위생적이며 짧은 헤어를 드라이할 때는 작은 브러시를 사용하고, 모발 길이에 따라 브러시의 크기를 선정하여 사용한다.

업스타일

업스타일up-style은 머리를 높이 빗어 올려 위에서 머무르며 목덜미를 드러내는 여자의 머리 형태로 올린 머리를 말한다.

실제 예식 때나 또는 평상시에 흔히 업스타일이라는 용어가 올림머리뿐만 아니라 쪽을 짓는 내림머리에도 사용되는 것을 볼 때 더 넓은 의미의 업스타일은 머리를 올려 묶거나 핀으로 고정시켜 목덜미 부분 위에서 연출되는 모든 형태의 스타일이라고 할 수 있다.

업스타일은 원시시대 동물의 뼈로 빗을 만들어 머리를 묶어 올리는 것에서 시작되어 문화의 변화에 따라 변모와 발전을 거듭해왔으며, 단순히 아름다움을 위한 장식목적에 그치지 않고, 개인의 신분이나 계습을 정하는 중요한 표시수단으로 역할을 하였다. 특히, 17~18세기 프랑스를 중심으로 사교계의 중심인물인 퐁탕주 부인, 퐁파두르 부인의 이름을 따서 붙여진 퐁탕주 스타일, 퐁파두르 스타일 등을 통해 시대상을 반영한 문화로 자리 매김하고 유행하였다.

과거의 여성들에게 높게 올린 머리는 매력의 상징이었는데, 중국 당나라 여성들은 머리를 30cm 이상 올렸으며 숱이 모자라면 검게 칠한 나무나 철사로 가발을 만들어 머리에 붙이기도 하였다. 서양에서도 마찬가지였는데, 18세기 영국 여성의 가발 중에는 높이가 약 120cm에 이르는 것도 있었다.

우리나라 백제시대 여성은 땋은 가체를 이용하여 두 개의 환을 만들고 보석으로 장식하여 삼국에서 가장 화려한 업스타일을 하였으며, 신라시대와 통일신

라시대 여성의 헤어 스타일은 당나라와의 교역의 영향으로 다양한 머리 형태가 유입되어 쪽머리에 가체를 올린 커다란 얹은머리가 귀족 사이에 유행하였다. 또한 여성의 머릿결이 좋아 신라의 명물로 당나라에 수출하기도 하였으며 아름답고 긴 머리를 장식하기 위하여 가체의 매매가 빈번했다.

고려시대 여성의 헤어 스타일은 얹은머리와 쪽머리가 대표적이었는데, 삼국시대보다 더 우아하고 귀족적이었으며, 섬세하고 단아한 형태였다.

26
업스타일

조선시대 여성의 머리 형태는 신분과 계급에 따라 다양하게 나타났다. 왕비나 왕세자빈, 그리고 내외명부는 의례용으로 대수머리, 큰머리 및 어여머리를 했으며 평상시용으로는 첩지머리와 쪽머리를 했다. 일반 평민 부녀자들은 본인의 머리카락으로 만든 얹은머리와 쪽머리를 애용하였으며, 혼례용으로는 거두미, 어여머리 및 족두리를 사용하였다.

1950년대의 업스타일은 가체를 사용하지 않고 자신의 머리에 백콤back comb을 사용하여 앞머리를 부풀린 업스타일과 아이론을 이용한 굵은 웨이브 업스타일이 유행하였다. 제24회 서울올림픽의 개최 후 우리나라 헤어 스타일도 세계화에 돌입하여 업스타일 기법도 다양하고 고급화 되었다. 또한 미용 페스티벌에서는 업스타일의 경우 예전보다 올리는 머리 형태의 크기가 작아졌으며 염색에 의한 모발 피스를 이용하여 우아하고 세련된 이미지를 부각하였다.

현대는 일상생활 속의 간단한 업스타일뿐만 아니라 중요한 의식이나 행사 등에 그 적용범위가 넓어짐에 따라 미적인 감각과 쓰임새의 조화를 통한 창의적이고 다양한 기술이 개발되고 있다. 긴 머리를 묶거나 틀어 올려 장식품과 함께 스타일링을 하는 올림머리에서부터 머리 길이를 멋스럽게 연출하는 롱 헤어 스타일, 짧은 머리 자체에 컬 형태나 피스 활용을 통한 창작 헤어 스타일에 이르기까지 매우 다양하게 응용되고 있다.

업스타일의 특성

업스타일에 사용되는 핀은 사용 목적에 따라 여러 가지 형태가 있으며 핀의 역할은 스타일을 유지하는 데 있다. 다양한 디자인에 따라 핀을 사용하는 기법을 알아야 하며 신속하고 부드럽게 꽂아야 한다.

핀의 종류에는 많은 모량의 줄기를 단단하게 고정하고자 할 때 사용하는 대핀, 여러 가지 모양이나 작은 줄기를 잡아주고 고정시키는 데 사용하는 중핀, 모양이 작은 줄기, 짧은 머리, 그리고 가벼운 머릿결 등에 사용하는 소핀, 여러 가지 모양이나 가벼운 컬을 고정시키거나 망과 토대를 고정시킬 때 사용하거나 마무리 단계에서 빠져나오는 머릿결을 정리할 때 사용하는 U핀이 있다.

핀의 사용법에는 기본 핀 꽂기, 겹쳐서 꽂기, 지그재그 핀 꽂기, 볼륨을 감소시키는 핀 꽂기, 그리고 면과 면을 이어주는 핀 꽂기 등이 있다.

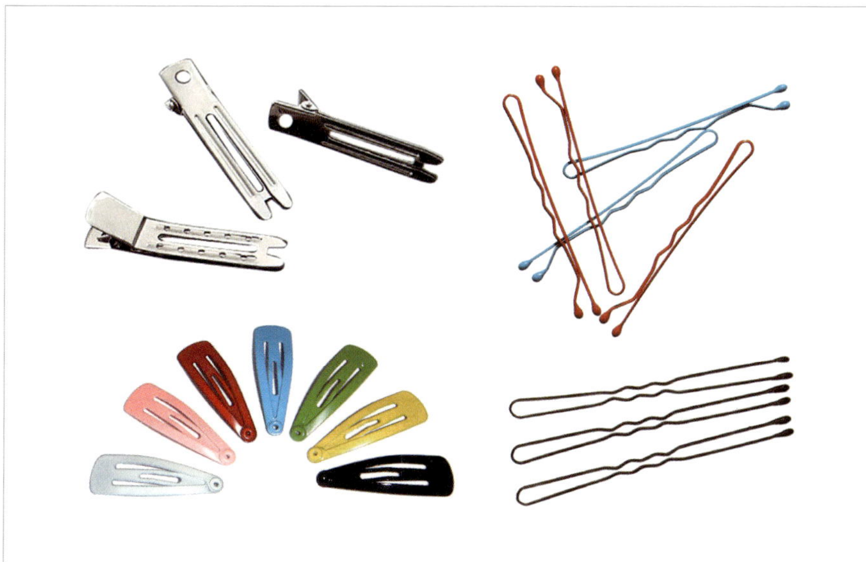

27
핀의 종류

헤어 컬러링

탈색 또는 염색에 의하여 머리카락의 색상을 바꾸는 것을 말한다. 헤어 블리치hair bleach는 산화제의 작용으로 모발의 멜라닌 색소를 분해하여 탈색효과가 나타나는 것이다. 머리 염색제로 착색시키는 것은 헤어 틴트hair tint라고 하며, 특히 산화염료를 사용하여 지속성이 있는 것은 헤어 다이hair dye라고 한다.

서양에서 염색을 시작한 시기는 고대 이집트의 파라오 무덤에서 헤나henna 가루가 발견된 것으로 보아 고대부터 시작되었다고 추정할 수 있으며, 자연원료로 모발과 가발을 염색하였고 머리색으로 신분과 계급을 구분하였다. 중세시대에는 머리색을 바꾸지 못하게 하였으며, 후기에 와서 여성들이 금발을 좋아하여 황색으로 염색하였다. 근세시대에는 다양한 색으로 염색을 하였으며, 향기로운 머리 분을 사용하여 향기가 나고 반짝거리게 했다. 당시 유행했던 머리색은 황금색이나 적색이었으며 청색은 하류계급만 사용하였다.

근대에는 여러 가지 색의 머리 분을 발랐으며 흐린 핑크, 회색, 흰색, 그리고 보라색 등이 사용되었고 또한 모발 염색도 계속하였다. 영국의 빅토리아여왕 1세 시대에 출간된 《여성미의 비평》에서 '여성의 모발은 반드시 길고, 유연하며 부드럽고 숱이 풍부하여 피부와 어울리는 색이어야 한다.'고 묘사될 만큼 단순한 모발 염색의 개념에서 토털 개념의 모발 염색이 이루어졌다.

20세기에는 염색약이 개발되고 과학적인 염색법이 시작되어 금색, 백색, 그리고 짙은 색 등 다양한 헤어 컬러가 유행하였다. 그리고 보색 테크닉과 하이라이트 테크닉 등이 유행하였고, 또한 머리에 입체감을 주려고 패션가발이 대중화되었다.

21세기 헤어 스타일의 가장 큰 특징은 패션의 한 부분으로 모발 염색을 하고 여러 가지의 색깔을 머리 부분에 배색하여 헤어 전체의 입체감을 표현하고 있다.

우리나라의 경우에는 유물이나 벽화를 통해서 고려시대부터 모발 염색이 시작되었다고 추정할 수 있는데, 현대적인 모발 염색은 1950년대 말에 시작되었다. 당시는 염료를 끓여서 사용하는 보일링boiling 타입의 제품이 생산되었으며, 1960

년대 초에는 동성제약이 국내 첫 염색약으로 '양귀비 1호'를 출시하여 새치머리 커버용으로 인기를 끌었다. 1970년대 샴푸 타입의 간편한 염색제가 개발되어 점차 보편화되었고 1980년대 초부터는 약국에서 판매되는 샴푸 타입의 가정용 염색제와 헤어 살롱 전문가용인 크림 타입으로 시장이 세분화되었다. 또 외국의 헤어 전문 브랜드에서 크림 타입의 염색제를 국내에 내놓기 시작했다. 더욱이 1990년대 화장품시장 수입 자유화 이후에는 독일, 프랑스, 미국, 그리고 이탈리아 등 외국의 거대 헤어 브랜드들이 국내로 들어오면서 염색제 시장이 호황을 누렸다. 현재는 세계화에 따라 국내와 국외의 컬러 동향이 비슷한 추세이다.

28
다양한 헤어 컬러링

염색의 원리와 분류

모발 염색은 단지 모발 색을 밝게 변화시키는 탈색과는 달리 자연 모발, 염색 모발, 그리고 탈색 처리된 모발 등에 다양한 색상을 착색시키는 것이다. 즉, 염색은 모발에 인위적으로 색소를 착색시키는 것을 말하고, 탈색은 모발에 인위적으로 색소를 제거하는 것을 말하며 퇴색은 자연적으로 서서히 색소가 빠지는 것을 말한다.

염모제의 지속기간에 따른 분류는 크게 3가지로 나눌 수 있는데, 이것은 색의 정착과 유지에 따른 것으로 일시적 염색, 반영구적 염색, 그리고 영구적 염색 등이다.

일시적 모발 염색temporary hair coloring은 다음 샴푸할 때에 바로 없어지며, 선택한 종류와 색조에 따라 가장 다양하고 쉽게 모발색의 변화를 가져올 수 있다.

반영구적 모발 염색semi-permanent hair coloring은 4~6개월 동안 지속되며 샴푸횟수에 의해 차이가 있다. 약간의 침투작용을 하여 모피질에 색이 흡수될 뿐만 아니라 모표피에 막을 입힌다. 일시적 모발 염색보다는 지속력이 있다.

영구적 모발 염색permanent hair coloring은 모발에 영구적인 색상의 변화를 가져와서 모발을 잘라낼 때까지 지속성을 지니는 것이 특징이며, 이는 식물성, 염료, 금속성 염료, 혼합성 염료, 그리고 산화성 염료유기합성 염료 등으로 나누어진다.

생각해 보기

1. 헤어숍 브랜드에 대해 알아보자.

2. 헤어 디자이너의 직무에 대해 알아보자.

이름	연령	직급
	성별	사업장
1. 직무명	2. 직무	
3. 직무내용 – 내용을 적고 직무 모습을 사진으로 찍어오기		
4. 숍의 특징 – 특징적인 부분을 사진으로 찍어와서 설명하기 (사진이 필요없는 부분은 내용만 적어서 설명하기)		

CHAPTER 11

Introduction to Cosmetology

피부 미용

피부 미용의 기본 개념

피부 미용aesthetic은 약 200년 전 독일 미학자 바움가르텐Baumgarten의 '아름다움은 인간에게 만족과 즐거움을 주는 대상이며 보는 사람의 마음에 달려 있다'는 미학적 표현에서 처음 사용되었다.

프랑스어 'esthetique'에서 유래되었으며 원래 '미의, 심미적인, 조화된 아름다움'이라는 의미를 내포하나 오늘날 피부 미용의 의미로만 사용되고 있다. 에스테틱은 미의 형태와 본질에 관여하는 철학의 한 분야로 스킨케어를 전문적으로 하는 분야라고 볼 수 있다. 즉 피부 관리를 지칭하는 말은 에스테틱esthetic, 또는 코스메틱cosmetic으로 피부 미용은 두발을 제외한 얼굴과 신체피부에 핸드 테크닉과 미용기기를 사용하여 피부를 정상적으로 유지시키고 아름답게 미화시키는 전신미용술을 의미한다.

피부 미용의 역사

서양의 피부 미용 역사

피부 미용의 역사는 고대부터 시작되었으며 고대 이집트시대에는 더운 기후로 인해 자외선에 노출된 피부를 보호하고 진정시키기 위해 자연재료를 바르거나 목욕을 이용한 피부 관리를 하였다. 그리스시대에는 건강한 육체를 유지하기 위해 다양한 목욕법과 식물을 이용한 마사지와 미용식이 개발되고 발전되었다. 로마시대에는 그리스의 목욕문화를 이어받아 체계적이고 전문적인 목욕문화가 확립되었으며 흰 피부를 유지하기 위해 마사지를 하였다.

중세의 피부 관리는 공중목욕탕이 생기면서 서민층까지 목욕문화가 전파되었으나 기독교의 영향에 의해 금욕적인 생활을 하여 관리에 소홀해졌다. 르네상스시대에는 하얗고 맑은 피부를 위해 관리를 하였으며, 바로크시대에는 목욕을 하는 것이 건강에 좋지 않다고 생각하여 1년에 한번밖에 씻지 않아 몸에서 악취가 진동하였다.

19세기에 위생과 청결이 중요시되면서 비누의 사용이 보편화되었다. 20세기의 피부 미용 문화는 체계적이고 전문적으로 발전하여 관리의 서비스 질이 향상되었다.

1
고대 이집트의 피부 미용

한국의 피부 미용 역사

상고시대의 단군신화에는 쑥과 마늘을 복용했다는 기록이 있는 것으로 보아 피부 미백을 위한 민간요법을 시행하고 흰 피부를 선호했던 것으로 짐작할 수 있다. 삼국시대에는 목욕용품이 발달하여 팥, 녹두, 그리고 쌀겨 등으로 만든 비누를 이용하였다. 고려시대에는 청결을 강조하여 체계적인 목욕법과 전신 목욕이 성행하였으며, 이때의 목욕은 미용을 위한 수단 이외에 치료행위와 사치스런 형태로 나타나기도 하였다.

조선시대에는 꿀을 발라서 각질을 벗겨낸 뒤에 분 화장을 하였으며, 남자들 역시 흰 피부를 추구하여 분세수를 하였다. 개화기에는 서양문물이 급속히 유입되면서 신문에 미용제품광고가 등장하였고, 1920년에는 동아부인상회에서 연부액미백로션을 제조·발매하였는데 이것이 피부를 부드럽게 하는 미안수로 사용되었다. 이밖에도 흰 피부를 위한 미백제, 미백용 팩, 기름 및 면약이 개발되었다.

1971년 일본에서 피부 관리법을 공부한 최윤학이 국내 최초로 서울 명동에 미가람 피부 관리실을 오픈하였다. 그 후 1981년 서울 YWCA 근로여성회관의

2
현대의 피부 관리

직업개발부에서 피부 미용업을 새로운 여성 전문 직종으로 국내에 도입하면서 피부 관리 산업이 본격적으로 발달하였다.

기본 피부 관리 과정

피부 미용을 통한 얼굴 관리는 마사지, 즉 손을 이용한 물리적 자극으로 신체 조직의 림프순환과 혈액순환에 도움을 주는 것을 말한다. 또한 매뉴얼 테크닉을 포함하여 화장품의 사용과 더불어 클렌징, 각질 제거 및 각종 제품과 기기를 사용하여 여드름 관리, 미백 관리, 보습 관리, 탄력 관리 등의 영양 투입, 그리고 보호 관리 등도 포함한다.

마사지의 어원은 그리스어 'masso'에서 'massein'을 거쳐 'massage'로 변형되었으며 '주무르다, 쓰다듬다, 비비다, 반죽하다'의 의미를 가지고 있다. AD 406년 히포크라테스에 의해 의학적으로 유효성을 인정받으면서 오늘날까지 이어져 왔다.

마사지의 효과는 혈액순환과 림프순환을 촉진하여 피부에 적당한 수분과 유분을 유지하게 하고, 피부를 유연하고 부드럽게 하며, 피부의 탄력성을 향상시키는 것이다. 또한 피부 온도를 높여 혈관을 확장시키고 혈류량을 증가시키기 때문에 피부의 선택적 흡수능력과 면역능력을 강화시킨다. 이로 인해 피부 건조를 예방할 수 있고, 촉촉한 피부를 유지할 수 있다.

마사지를 적용하기 위해서는 기본 수기원칙과 마사지 시술 시 사용되는 기구와 자세 등을 정확히 알아야 한다. 그리고 고객의 피부상태에 맞는 화장품을 선택하고 일정한 리듬의 속도와 압력을 조정하며 손을 부드러운 상태로 이완하여 유연하게 움직여서 근육결을 따라 마사지를 실시한다.

고객카드 작성

고객의 피부상태와 효과적인 피부 관리를 할 수 있는 기초 자료를 파악하고 고객의 이해를 돕는 과정이다. 피부 관리에 관련된 전문 지식과 판단력을 통해 피부 관리 단계를 수립한다.

클렌징

피부 표면의 오염물과 노폐물 등을 깨끗이 제거하여 피부청결과 유효성분의 침투를 돕는다. 클렌징cleansing 후 피부유형을 정확히 분석한 다음, 피부타입에 맞는 피부 관리 프로그램을 결정한다.

딥클렌징

딥클렌징deep cleaning은 손상된 표피와 진피의 일부를 제거하여 유효성분의 침투를 용이하게 하고 새로운 피부가 재생되는 효과를 기대할 수 있다.

마사지

마사지massage는 근육을 이완시키고 혈행을 촉진하여 노폐물과 피지를 배출시킨 후 유형성분의 피부 흡수를 돕는다.

마스크

마스크mask는 피부 표면을 막으로 감싸듯이 차폐하여 피부온도를 상승시키고 피부 확산을 도와 영양 공급과 피부의 탄력 및 팽창도를 증가시켜주며 잔주름을 방지하는 데 도움이 된다.

피부 미용의 분야

발마사지

발마사지foot massage는 발을 마사지하여 혈액순환을 촉진하는 방법이다. 발바닥과 발등·종아리에 분포되어 있는 반사구를 자극하여 혈액순환을 촉진시키고 노폐물과 독소를 배출시켜 자연치유력을 극대화시키는 마사지를 말하며, 발반사요법 또는 발반사구건강법이라고도 한다.

서양의 역사적 기원을 살펴보면 BC 200년경 이집트 사카라에 있는 벽화에서 발마사지의 흔적이 발견되었고 파피루스로 된 의학서에서 발의 각질에 대한 처방기록을 찾아볼 수 있다. 1200년경에는 바더Barder라는 전문 직업이 등장하였다.

5천년 전 중국에서는 발을 통해 인간의 운수와 생명을 결정하는 관지법이 있었으며 중국 한나라시대에는 족심도에 의한 의술활동을 하였다.

서양의 발마사지는 20세기 미국인 의사 윌리엄 피츠제럴드William Fitzgerald가 현대의학 견지에서 연구·정리하여 동료인 에드윈 바우어스Edwin Bowers와 함께 구역치료법zone therapy이론을 의학계에 발표한 후 발달하였다. 1925년 미국 정부의 간행물에는 발마사지가 인체에 좋은 효과를 준다고 게재하여 정부의 인정을 받아 발반사전문학교가 생겨났다.

동양의 발마사지는 BC 150년경에 명의로 유명한 화타가 화타비급이라는 의학서에 관지법을 재연구하여 향상된 족심도를 재정리하였으며, AD 618년경 족심도가 침구술과 함께 일본으로 건너가 보급되었다.

근대에는 스위스 태생의 신부인 오약석과 일본의 니시 가쓰조西勝造가 발반사에 대한 연구와 보급운동을 하여 관심도가 높아가고 있는 실정이다. 우리나라에서도 많은 학술 연구팀이 있고 여러 단체나 독자적인 연구자가 있으며, 발관리만 주로 하는 숍이 형성되어 있다.

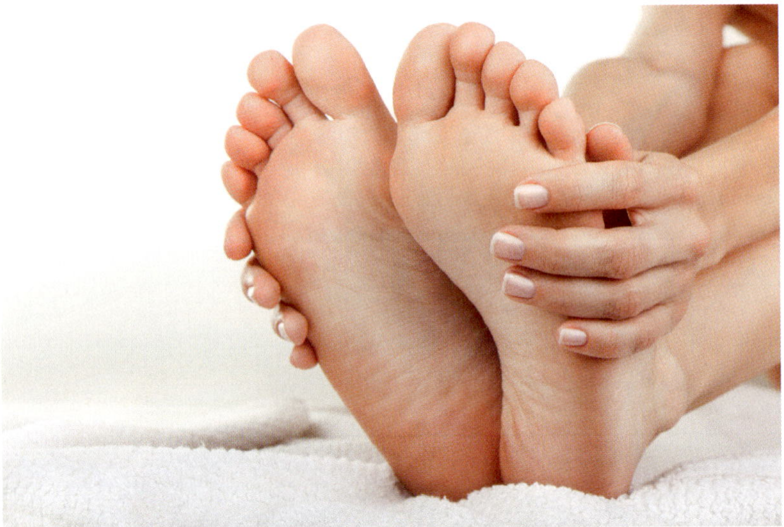

3
발마사지

발마사지의 특징

발은 인체의 기초로서 초석에 해당하며 온몸의 무게를 지탱하고 균형을 잡아주어 건강을 지켜주는 척도가 된다. 발의 아치는 척추의 생리적 만곡과 더불어 충격을 완화시켜주는 쿠션 역할을 수행하고 있다. 발바닥은 체표의 2% 면적으로 우리 몸의 98%를 지탱하고 있다. 두 발에 가해지는 힘은 발뒤꿈치에 40%, 발 앞부분에 60%로 분산되며, 발에 걸리는 힘의 분배가 한 쪽으로 치우칠 경우 발에 병이 발생하며 발의 병은 내장 및 전신에 영향을 줄 수 있다.

발은 심장에서 가장 멀리 떨어져 있는 까닭에 발끝까지 내려온 혈액이 되돌아가려면 심장의 힘만으로는 어렵다. 이 때문에 노폐물이 쌓이고 혈액순환이 잘 되지 않아 각종 질병이 생기는데, 이 때 발을 마사지해주면 혈액순환이 원활해져 건강이 유지된다.

발바닥에는 제2의 심장이라고 불릴 만큼 말초혈관이 많이 밀집해 있고 인체의 모든 조직은 적당량의 혈액이 공급되어야 기능을 할 수 있으며 발마사지는 인체의 순환작용을 돕는 효과가 있다.

반사구는 신경이 집결된 곳으로 몸 전체에 걸쳐 분포하는데, 특히 발 부위에

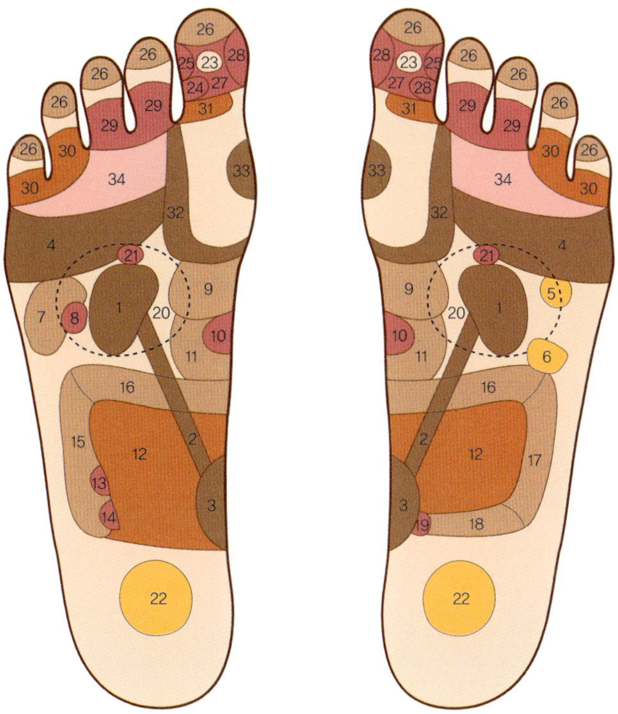

1. 신장	10. 췌장	19. 항문	28. 코
2. 수뇨관	11. 십이지장	20. 복강신경총	29. 눈
3. 방광	12. 소장	21. 부신	30. 귀
4. 폐, 기관지	13. 회맹관	22. 생식선	31. 목
5. 심장	14. 맹장	23. 뇌하수체	32. 갑상선
6. 비장	15. 상행결장	24. 소뇌	33. 부갑상선
7. 간	16. 횡행결장	25. 심차신경	34. 승모근
8. 담낭(쓸개)	17. 하행결장	26. 전두동(이마)	
9. 위	18. 직장	27. 뇌	

4
발반사구

가장 많이 몰려 있고 인체의 각 부위와 밀접한 반응관계를 보인다. 따라서 발을 자극하는 것은 결국 오장육부의 각 기관을 만지는 것과 같다.

발마사지는 인체의 선과 기관의 기능을 정상화하고 혈액과 림프 순환을 추진하여 노폐물의 배출을 돕고 면역기능을 증가시키며, 신진대사를 증진시키고 신체적·정신적 이완을 유도하여 불안과 스트레스를 완화시킨다. 또한 근육과 관절건의 움직임을 부드럽게 해주어 피로감 감소, 스트레스 경감, 기분 상승, 그리고 혈압 감소 등에 효과가 있다.

아로마세러피

아로마세러피aromatherapy는 향기 나는 식물을 증류하여 추출한 향유물질인 에센스를 치료의 도구로 사용하는 것으로 방향요법 또는 향기요법이라고도 불린다. 아로마세러피는 '향' 또는 향기를 의미하는 'aroma'와 치료를 의미하는 'therapy'의 합성어이고, 이는 각종 식물의 꽃, 줄기, 잎, 뿌리, 그리고 열매 등에서 추출한 향기 물질을 호흡기 또는 피부를 통해 체내에 흡수시켜서 몸과 마음을 건강하게 하는 대체 요법의 하나이다.

향으로 질병을 치료하는 것은 인간이 불을 사용하기 시작하면서부터 시작되었다고 할 수 있다. 고대 이집트의 경우 사제와 연금술사들은 특정한 방식으로 향물질을 배합하고 조향해서 사용했으며, BC 4세기경 히포크라테스는 향기 치료의 체계화를 이루고 자신 또한 매일 아로마를 이용한 목욕과 마사지법으로 건강을 유지했다. 그 후 아로마세러피 문화는 급속도로 발전하게 되었으나 19세기 산업혁명 이후 합성약품들이 대량 생산되면서 아로마세러피 문화는 점차 쇠퇴하였다.

5
이집트 벽화에 나타난 아로마요법

그 후 프랑스의 의사 장 발레Jean Valet가 제2차 세계대전 때 부상당한 병사들을 아로마오일로 효과적으로 치료하면서 그 효능이 임상적으로 입증되기 시작하였다. 그 후 미용을 연구하던 마가렛 모리Marguerite Maury에 의해 개인의 특성과 피부 상태에 적합한 아로마오일을 처방하고 미용 마사지를 실시하여 1950년대 영국 최초로 아로마세러피를 이용한 피부 미용법을 소개하였다.

20세기 프랑스의 화학자인 르네 모리스 가트

포세Rene-Maurice Gattefosse가 '아로마세러피'라는 단어를 처음 사용하였으며, 1977년 영국인 로버트 티서랜드Robert Tisserland가 〈Art of Aromatherapy〉라는 책을 영문판으로 출간하면서 세계적으로 알려지기 시작했다.

현재는 효과가 확실한 오일을 중심으로 피부와 비만 관리에 일반적으로 사용되고 있으며 선진국에서는 마사지 등의 방법과 적정한 오일을 결합하여 심신의 균형 회복을 통해 자연치유력을 강화해서 난치병을 치유하는 대체의학의 한 분야로 연구 및 임상이 진행되고 있다.

6
로버트 티서랜드의 〈Art of Aromatherapy〉

우리나라에서 허브가 대중에게 익숙해진 것은 1988년 제24회 서울올림픽 전후로 이때부터 공공단체에서 허브라는 용어를 사용하였다. 아로마세러피는 피부 미용 실무 분야에서 시작하였고 신경정신과 의사 모임이나 한의사 모임 등에서 정유와 그 향을 이용한 아로마세러피가 선보이기 시작하면서 동시에 동호회가 결성되거나 협회가 발족되었다.

2000년대부터 문화생활의 발달로 인해 아로마에 대한 관심이 많아져서 일반인의 치료 목적뿐만 아니라 방향효과와 디스플레이 효과를 위해 아로마용품을 구입하는 소비자가 늘어나고 있다.

아로마세러피의 특징

아로마오일은 공기와 빛에 의해 쉽게 분해될 수 있으므로 갈색 유리병이나 표면처리가 되어 있는 알루미늄 등의 용기에 넣고 밀봉하여 보관해야 한다. 아로마세러피는 아로마오일을 희석하여 사용하는 마사지법, 목욕을 이용하여 피부에 흡수시키는 목욕법, 호흡기를 거쳐 폐를 통해 체내에 흡수되는 흡입법 등이 있

7
아로마 스톤 세러피

다. 이때 흡수된 아로마오일의 분자들은 온몸으로 퍼져 비정상적으로 변이된 세포들을 정상화시키고 체외로 배설된다. 또한 코의 후각 신경을 통해 대뇌 신경계에 향기에 대한 정보가 전해지고 호르몬의 분비와 감정을 조절하게 되어 몸과 마음의 병을 동시에 치유하게 되는 것이다.

아로마세러피는 시술면에서 간단하고 경제적이며 치유효과가 빨라서 최근 각광을 받고 있다. 아로마세러피는 면역기능을 높여주고 신경을 자극시켜주면서 마음을 안정시켜주므로 생활에서 흔히 겪게 되는 각종 증세를 완화시키는 효과가 있으며 명상의 효과도 있다. 그리고 적절한 향기요법의 사용은 일하는 공간에 활력을 주거나 편안함과 안락함을 제공하기도 한다. 천연 방향성 에센셜 오일은 긴장 완화, 스트레스 감소, 면역 강화, 예방적 치유, 개인위생, 건강 증진 및 유지단계로 이끌어주는 효능이 있다. 아로마세러피는 일반 피부과, 성형외과, 한방 의료원, 피부 관리실, 그리고 스파 등에서 여드름을 포함한 피부질환 치료 및 처치를 위한 대체요법으로 사용되기도 한다.

피부 유형은 흔히 지성 피부와 민감성 피부 및 노화된 피부로 구분할 수 있는데, 아로마세러피는 이 세 유형의 피부를 모두 개선시키는 역할을 하기도 한다.

아로마세러피의 종류

라벤더 ◢

라틴어로 씻다wash라는 뜻인 'lavere'에서 유래된 라벤더lavender는 진정효과가 있어 불면증, 심신 균형과 안정, 정신적 스트레스 감소 및 긴장 완화에 효과적이다.

티트리 ◢

1770년 쿡선장이 호주에서 이 나무를 발견하여 영국으로 가져가서 잎을 차로 사용했기 때문에 'tea tree'라는 이름이 붙여졌다. 티트리는 강력한 항박테리아 작용과 항진균 작용을 하여 여드름에 효과적이며 무좀에도 효과적인 것으로 기록되어 있다.

유칼립투스 ◢

그리스어로 잘 덮여 있다는 'eucaliptos'에서 유래되었으며 꽃봉오리가 마치 컵같이 생긴 막에 잘 덮여 있는 모양에서 이름이 붙여졌다. 유칼립투스eucalyptus는 지구상에서 가장 키가 큰 나무로 알려져 있다.

효능은 살균, 소염, 방부, 소취 효과가 있어 각종 염증의 살균, 해열 작용, 호흡기질환, 그리고 집중력 향상 등에 효과적이다.

페퍼민트 ◢

'박하'라고 부르는 것으로 양약의 아스피린과 같은 역할을 한다. 페퍼민트peppermint는 상쾌한 향기와 청량감이 있어 방부 및 살균 효과가 있으며, 진통 효과가 뛰어나고 항염증, 항박테리아 효과가 있어 여드름의 치유에 효과적이다.

제라늄 ◢

달콤하고 환한 민트의 느낌이 나는 장미향을 지니고 심신을 안정시켜 균형을 갖게 하며 다양한 피부염의 치료에 사용된다. 특히 제라늄 geranium은 상처 치유, 반흔 제거, 부신피질 자극 및 살균 효과를 지니고 있다.

타임

꽃향기가 백리까지 간다고 해서 '백리향'이라도 한다. 타임 오일thyme oil은 특히 구강 청정제, 기침약, 그리고 거담제 등에 필수 성분으로 이용되기도 하는데, 살균 작용이 강해서 요도염이나 기관지염의 치료용으로 사용된다.

로즈마리

라틴어로 '바다의 장미'라는 의미가 있다. 로즈마리rosemary는 물을 좋아하는 성질이 있으며 각성제, 기억력 증진 효과가 있고 세포재생 피부에 자극이 없어 미용 관리에 효과적으로 사용되기도 한다.

장미

자태와 향, 그리고 치료적 성질이 좋아서 장미rose는 가장 인기 있는 식물이며 건성 피부나 주름이 많은 피부 관리에 효과적이고 피부 재생효과가 뛰어나다. 또한 모든 오일 중에서 가장 독성이 없고 살균효과가 2배 이상이다.

일랑일랑

나무에 매달린 꽃 모양을 묘사하는 말이기도 한 일랑일랑 ylang ylang은 말레이시아어에서 유래한 것으로 꽃 중에 꽃을 의미하고 향수나무로 알려져 있으며 '동방의 왕관'이라고도 불린다.

최음제로 가장 많이 사용되고 있고 가쁜 호흡과 심계항진, 불면증과 감기 감염에 효과적이며 고혈압, 위장염, 우울증, 근심 및 피지분비를 조절하여 건성 피부와 지성 피부에 모두 효과적이다.

8
아로마 허브

재스민

일몰 이후에 더욱 강한 향취를 내기 때문에 인도에서는 재스민jasmine을 '밤의 여왕'이라고 부르며 최음제로 사용되고 최면 효과가 있다. 재스민의 특성은 호르몬의 균형을 조절하여 피부 상태를 정상화시키는 역할을 하기 때문에 건성 피부, 지성 피부 및 민감성 피부에 효능이 있으며 특히 정신적 스트레스와 불안에 의해 야기되는 피부 문제에 효과적이다.

샌달우드

샌달우드의 적목질을 수증기로 증류해서 얻는 샌달우드

오일sandalwood oil은 '백단유'라고도 한다. 순하고 진정작용이 있어 여드름, 건성 및 지성 피부, 만성 기침, 방광염, 스트레스, 그리고 두려움 등에 효과적이다.

경락 마사지

경락 마사지에서 경經, 즉 경맥은 가는 길이라는 의미로 종從으로 순환하여 내외를 연결하고, 락絡, 즉 락맥은 그물망이라는 의미로 경맥에 비해 가늘고 작아 주로 횡橫으로 순환하여 전신에 분포되어 있다.

경락 마사지는 한의학의 경락학설과 서양의학의 수기술인 마사지 개념이 결합된 것으로 서양의학의 단점을 보완하여 경혈 자극으로 전신의 기혈 수행을 조절하고 오장육부의 생리적 기능을 조절하여 통증, 스트레스, 긴장, 그리고 불균형 등을 경감시켜 항상성을 유지해주고 면역성을 높여주어 병을 예방하고 건강을 유지시키는 치유력을 촉진하는 효과가 있다.

경락은 고대로부터 내려온 역대 의학자의 학술적 이론과 경험을 바탕으로 경락의 기능과 임상적 치료법들을 계통적으로 계승한 것이다. 원래 경락학은 침구학의 중심적 이론이며 오랜 시간동안 한국, 중국, 그리고 일본 등을 비롯한 아시아 여러 국가의 의학적 치료법으로 전해졌다.

태초에 인류가 지구상에 출현한 이래 인간은 언제나 질병과 싸워야만 했으며 여기에는 경락 이론을 기반으로 하는 동양의학적 치료 분야도 포함되어 있다. 그러나 이러한 오랜 역사에도 불구하고 오늘날까지도 경락에 이용되는 경혈에 대한 최초의 발견과 응용은 정확하게 추정할 수가 없다. 다만 출토된 신석기시대의 고대문물에서 상당히 오래된 침구장비를 발견하여 신석기시대에 이미 침술요법이 시행되었다고 추정하였다. 우리나라에는 중국의 침구문화가 6세기경에 전래되었으며 그 후 중국의학을 지속적으로 받아들였다.

경락학설이 형성되기까지는 많은 임상경험이 있었고 자연과학이론으로 독특하게 창조된 음양학설을 병행하여 특정한 반응점들을 근간으로 삼아 경락이론을 정립하였다. 오늘날에도 경락이론이 더욱 과학적으로 규명될 수 있도록 여러 나라에서 다각적으로 연구하고 있으며 우리나라에서도 연구 활동이 많이 이루어지고 있다.

경락 마사지의 특징

경락은 인체의 기의 흐름을 활발하게 하여 치료효과를 극대화하는 것이다. 혈액과 림프액의 흐름을 촉진시켜 신진대사를 왕성하게 하고, 근골격계의 이상이나 위치 변형을 조절하며 내부 장기를 자극하여 그 기능을 조절한다. 또 자율신

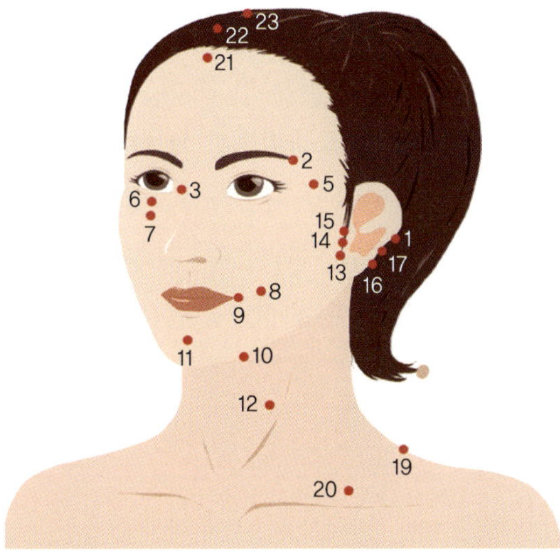

1. 찬죽	9. 지창(입술양쪽끝)	17. 계맥
2. 사죽공	10. 대영	18. 노식
3. 정명(양쪽눈머리 지압점)	11. 승장	19. 견정
4. 동자료	12. 인영	20. 중부
5. 관자놀이(태양혈)	13. 청회	21. 상성
6. 승읍	14. 청궁	22. 전정
7. 사백	15. 이문	23. 백회
8. 거료	16. 예풍	

9
얼굴의 경혈도

경을 조절하고 전반적인 면역 기능을 강화시켜 신체가 지니고 있는 자연 치유력을 조장하여 이상 증상을 해소하는 효과가 나타난다.

혈액과 내분비액의 순환을 촉진하고 근육을 이완시키며, 내부 장기의 기능을 원활하게 해주고 경혈을 자극하며 통증완화의 효과가 있다. 또한 모세혈관을 자극하여 혈행을 빠르게 하고 혈류량을 증가시켜 이로 인해 영양대사와 노폐물 대사를 촉진하여 인체의 자가 면역력을 증강시켜 주고 노화 예방과 개선 효과를 제공한다.

즉 경락은 각 근육과 근육 사이의 관절의 오목한 부분, 근육과 신경줄기, 피부의 주름사이, 뼈끝, 그리고 뼈와 뼈 사이 등 인체의 급소부분으로 생각되는 곳인 경혈을 눌러 그 부위가 아프거나 저리거나 굳어 있거나 또는 발진, 색소침착, 그리고 응어리 등이 나타나면 수기요법으로 치료한다. 동양 여러 나라에서는 민간요법으로 그동안 널리 이용해왔으며 그 효과가 경험적으로 증명되어 최근에는 일부 의료인들이 치료의 보조요법으로 사용하고 있다.

경락 마사지는 체표의 경혈 부위를 자극하여 기혈의 운행을 원활하게 하고, 외사의 침입을 방어하여 건강하고 아름다운 외모를 이루게 하는 것이 목적이다. 따라서 피부 미용 분야에서는 미용 경락을 이용하여 아름다운 얼굴과 피부, 그리고 체형을 이루는 것을 목표로 하고 있다.

림프드레나지

림프드레나지lymph drainage는 1930년대 덴마크의 생물학자이며 마사지사인 닥터 보더 박사Dr. Emil Vodder와 그의 부인 에스트리드 보더Estrid Vodder에 의해 창안되었다. 1936년 의학계가 림프계의 유용성에 대해 별다른 주목을 하지 않던 시기에 파리에서 새로운 마사지법인 림프드레나지를 선보였다. 림프드레나지는 손을 이용하여 림프의 배출을 촉진시키는 방법으로, 국제적으로 통용되는 전문용어는 MMDmanual lymphatic drainage이다. 보더 방식의 MMD는 미용전문가들이 유럽 등지에서 배운 것을 소개하고 있다.

림프드레나지는 림프순환을 촉진시켜 세포의 대사물질 및 노폐물의 배출을 도와주면서 조직의 영양 대사를 원활하게 해 주는 마사지 기법을 말한다.

림프드레나지의 궁극적인 목적은 신체 각 부위에서부터 목 부위까지 조직액을 운반하여 새로운 림프액이 각 조직으로 원활하게 흘러 들어갈 수 있도록 도

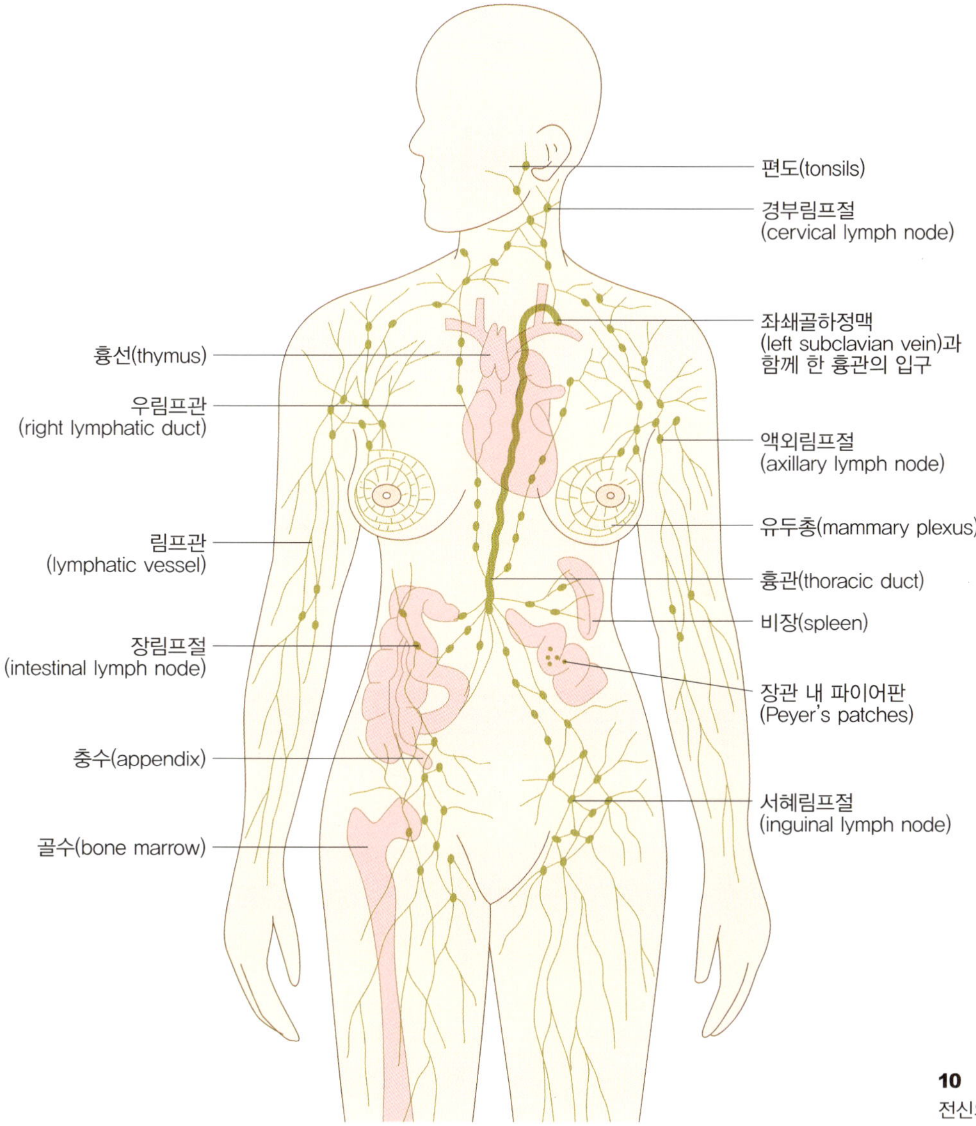

10
전신의 림프계

와주는 것이다. 그러므로 신체의 부종과 그로 인한 통증, 그리고 피부 미용의 이상증세 등과 같은 문제의 개선 효과를 기대할 수 있다.

림프드레나지의 특징

림프드레나지는 정체된 체액의 흐름을 촉진시켜 세포의 대사물질을 제거하기 쉽게 해주며 지방 등에 독소와 노폐물을 배출하여 조직의 영양대사 장애를 조절해 준다. 또한 재생과 치유작용을 빠르게 하며 신체 자체의 면역 능력을 증대시켜 주고 상처를 가볍게 해주는 기능도 있다. 물리적인 펌프 작용으로 인해 림프 순환이 10~20배 가량 빨라져 신체의 신진대사가 더욱 활성화 된다. 자율신경계에 영향을 주어 휴식에 필요한 부교감 신경계를 자극하여 저항력을 증진시키고 피로회복, 노폐물 배출 및 숙면을 취하게 해준다. 따라서 림프드레나지의 완벽한 시행은 자율신경계를 적절히 자극하여 고객의 만족도를 증진시킬 뿐 아니라 이완효과도 매우 크며 피부의 민감한 말초신경을 진정시켜주는 효과가 있고 피부부종을 진정시키는 효과가 있다.

피부 미용적인 측면에서 림프드레나지를 해주었을 경우에는 눈물주머니를 완화하거나 얼굴, 다리의 부기를 가라앉히게 하며, 기계적인 자극을 하지 않아야 하는 민감하고 약한 피부, 자극을 받아 붉어진 피부, 필링을 하고 난 후 회복기 피부, 알레르기성 피부, 그리고 여드름성 피부 등에 효과적이다. 성형수술 후의 부기를 빨리 가라앉히며 동시에 흉터도 작게 만든다. 또한 얇고 탄력이 없는 주름 잡힌 피부, 주사자국, 모세혈관확장증, 임신이나 갑자기 살이 찔 때 생기는 튼살, 그리고 셀룰라이트 증상 등에 효과적이다.

셀룰라이트는 여성의 몸에서 지방이 축적되기 쉬운 복부, 허리, 둔부, 대퇴부, 상완부에 주로 형성된다. 이 부위에 지방이 과잉 축적된 경우 림프드레나지를 하면 지방축적물의 배설을 도와주게 되어 해당 부위의 비만 관리에 도움을 줄 수 있다.

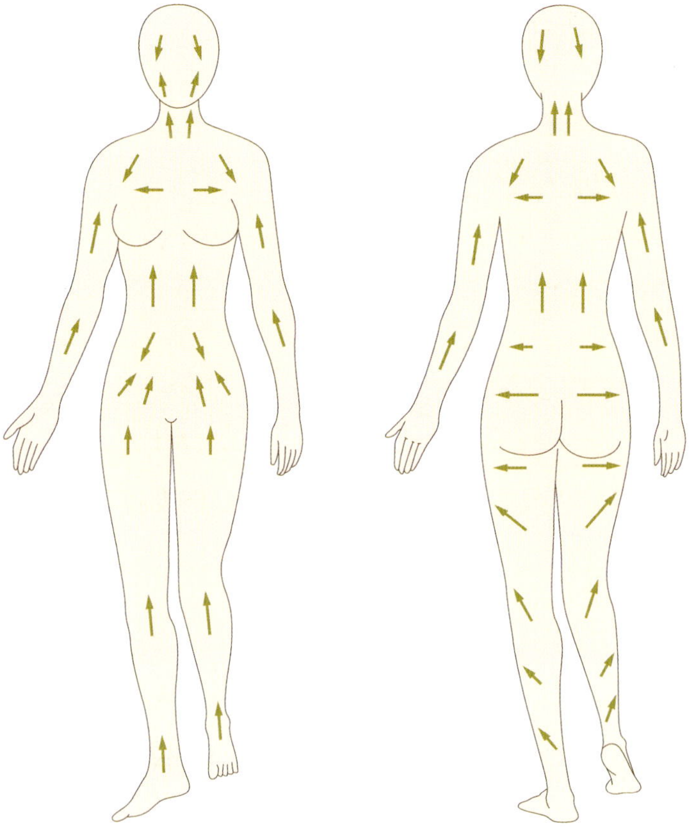

11
림프의 전신 순환도

림프드레나지의 기본 동작

정지 상태 원동작

손가락 끝 부위나 손바닥 전체를 이용하여 림프 순환 배출 방향으로 압력을 주는 방법이 정지 상태 원동작stationary circle이다.

펌프기법

엄지손가락과 나머지 네 손가락을 둥글게 하여 위로 올리듯이 하는 것이 펌프기법pump technique으로 손등이 위를 향하도록 하는 것으로 주로 팔과 다리에 많이 사용된다.

퍼 올리기기법

손바닥을 이용하여 압력을 주는 퍼 올리기기법scoop technique은 손목의 움직임과 손바닥의 압력을 같이 활용하는 것으로 주로 팔과 다리에 많이 적용된다.

회전기법

손가락 전체를 인체의 평평한 부분에 댄 후 피부를 약간 신장시키듯이 늘여서 전체 손바닥을 피부에 밀착시키고 옆으로 회전하는 방법이 회전기법rotary technique이다.

스포츠 마사지

스포츠 마사지는 마사지의 이론과 기술을 배경으로 삼고 스포츠의 특성을 접목한 분야를 말하는데, 탈구된 어깨의 치료법을 논할 때 어깨 주위를 부드럽고 유연하게 문지르는 것이 필요하다고 생각한 고대 그리스시대부터 시작되었다. 히포크라테스부터 시작하여 중세를 거쳐 스웨덴의 링Ling, 독일의 알버트Albert, 호파Hoffa, 미국의 부콜츠Bucholz, 허먼C. Herman, 프란시스 타판Frances Tappan 등에 의해 발달하여 오늘날에 이르고 있다.

19세기말 올림픽이 부활되자 20세기 초 모든 문명국에 의해 인식된 스포츠 마사지가 처음으로 등장한 것은 제2회 파리올림픽에서였다. 파리올림픽에서 시합 전후 선수들의 신진대사 기능 촉진과 피로회복을 위한 마사지가 실시되었다. 그 후 1906년 러시아 학자인 자프래도스키Zapredosky가 스포츠 마사지의 생리학적인 근거에 대한 최초의 논문을 발표했다.

우리나라에서는 1960년대부터 각종 수기요법이 도입되어 다양한 수기법을 개발 응용하면서 현대에 이르렀으나 스포츠 마사지는 1970년 후반기에 시작되어 1980년대부터 실제 스포츠 현장에서 도입되기 시작했다. 1986년 제10회 아시안게임을 대비하여 ATathletic trainer연수 교육 시 정식 학과목으로 채택하여 스포츠 마사지 전문가를 양성하게 되었고 1988년 제24회 서울올림픽과 2002 FIFA 한일 월드컵에서도 스포츠 마사지 전문 트레이너들을 각 종목 및 경기장에 배치·활용하여 그 필요성을 인식시켰다.

스포츠 마사지의 특징

마사지의 수기요법에는 경찰법, 강찰법, 유념법, 고타법, 진동법, 그리고 압박법 등이 있으며, 실시하는 목적에 따라서 의료 마사지, 위생 마사지, 미용 마사지, 그리고 스포츠 마사지 등으로 나눌 수 있다.

경찰법은 손바닥 또는 손가락을 피부에 밀착시킨 채로 일정한 강도로 가볍게 쓰다듬고 문지르는 방법을 말하고, 유념법은 손바닥 전체로 근육을 잡은 상태에서 반죽하듯이 마사지 하는 동작을 반복하면서 주무르는 방법을 말한다. 강찰법은 경찰법과 유념법을 동시에 행하는 기법이며, 엄지·검지·중지의 세손가락 중에서 하나를 택하여 그 손가락 끝을 관리하려는 부위의 피부에 직각으로 댄 상태에서 손가락 끝으로 원을 그리면서 바깥에서 중심부를 향해 반복하는 마사지하는 방법으로 강한 압력을 가하는 시술이므로 주의를 요한다. 고타법은 손의 각 부위를 이용하여 환부를 두들기는 방법이고, 압박법은 엄지손가락이나 손바닥을 마사지 부위에 대고 압박하는 방법이다. 진동법은 손으로 시술부위를 누르거나 잡은 상태에서 시술하는 손 자체를 진동시켜서 그 진동을 환자의 몸 조직에 전달하는 기술이다.

스포츠 마사지는 운동경기 또는 연습 후 피로 회복을 위해 실시하는 마사지를 말한다. 근육이나 관절을 유연하게 하기 위해, 또는 컨디션을 좋게 하기 위해 경기 전에 하기도 한다. 안마가 주로 위에서 아래로, 동맥을 따라 피로를 느끼는 부분을 쓸어내리는 데 반하여 스포츠 마사지는 임파관과 정맥을 따라 아래에서 위로 쓸어 올린다. 체액의 흐름을 촉진하기 위해서는 이 방향이 효과적이기 때문이다.

스포츠 마사지는 준비 마사지, 트레이닝을 위한 마사지, 그리고 회복 마사지 등으로 분류할 수 있다. 준비 마사지는 트레이닝과 경기 시작 전에 실시하는 마사지로서 신체 기능을 활성화하고 촉진시키는 것이 목적이다. 혈액순환 및 근육의 수축 속도가 증가하게 되고 신경자극 속도가 증가하게 된다. 트레이닝을 위한 마사지로는 강화 마사지, 진정 마사지, 그리고 온열 마사지 등이 있다. 강화 마사지는 중추신경계가 빠르게 반응하도록 촉진하여 신체조직의 근육이 빠른 시간 안에 반응하여 힘을 낼 수 있도록 근육의 긴장력을 높이는 데에 도움을 준다. 진정 마사지는 근육의 갑작스런 피로 증상, 경련 등과 같은 정상적이지 않은 흥분 증상이 나타날 경우에 이를 안정화시키기 위하여 실시한다. 온열 마사지는 상해 부위를 따뜻하게 하는 마사지이다. 회복 마사지는 트레이닝과 경기 이후에 실시하는 마사지로서 신체조직의 활동 및 스포츠에 필요한 운동 능력을 최대한으로 빨리 회복시키기는 것이 목적이다.

두피 마사지

마사지의 효능을 머리에 초점을 맞추어 관리하는 두피 마사지는 약 4천 년의 역사가 있는 인도의 고대 의학서인 아유르베다Ayurveda에서 권장하는 마사지 방

12
두피 마사지

법이다. '머리를 마사지하다'라는 뜻을 가진 'champied'에서 유래되어 '참피 champi'라는 마사지가 이어져 내려오고 있다. 두피 마사지는 뭉친 근육을 풀어주어 혈액순환을 원활히 해주고, 뇌에 신선한 산소를 공급해주어 깊은 호흡을 할 수 있게 해주며 집중력과 기억력을 향상시킨다.

두피는 얼굴에 있는 피부보다도 얇고 섬세하면서 피지선과 한선이 많고 피지의 분비량이 무려 T존의 2배나 된다. 예민하고 방어기능도 약하기 때문에 건조와 자외선 등에 영향을 받기 쉽고, 턴 오버의 헝클어짐이나 혈행 불량이 일어나거나 머리카락이 빠지는 것과 굵기가 얇아지는 것, 그리고 탄력 저하 등 에이징에 대한 고민으로도 발전한다. 따라서 여분의 피지나 더러움을 꼼꼼하게 떨어내서 청결함을 유지하고 마사지 등으로 대사기능을 정리해야 한다.

두피 마사지의 특징

두피는 모발의 근원이 되는 세포가 생성되는 장소이다. 다른 피부와 마찬가지로 약 28일 주기로 새롭게 나와서 변화하고 기저층에서 각질층으로 세포를 밀어 올리는 것으로 모발의 성장을 도와주고 있다.

두피 마사지는 혈액순환을 도와 두피에 활력을 주고 탈모 예방에 도움을 준다. 모세혈관을 통해 모발에 영양과 산소를 전달하여 두피 속의 독소 배출도 촉진하면서 모발로부터 이물질을 제거하는 단계이다. 마사지의 목적은 피부조직을 자극하여 퇴화를 방지하고 피부신경과 피부혈관을 자극하여 물질대사를 촉진시켜주는 데 있다. 특히 두피의 기능을 지속 또는 회복시키는 것이 목적이다.

두피 마사지는 클렌징 전에 노폐물을 빼내기 위한 준비과정이나 두피근육을 이완시키기 위해서 스케일링 단계에서 시행하거나 트리트먼트를 간단히 하기도 한다.

두피 마사지는 긴장된 목과 어깨근육의 통증을 해소시키는 가장 알맞은 방법이다. 신체의 정상적인 생리활동을 위해 두부에 있는 경혈을 중심으로 하여 혈액순환을 촉진하고 세포를 활성화시켜 모발의 성장·재생을 촉진하는 효과가 있다. 두부의 주요한 경락과 지압에 가장 적합한 부위를 찾아 적당한 수기요법을

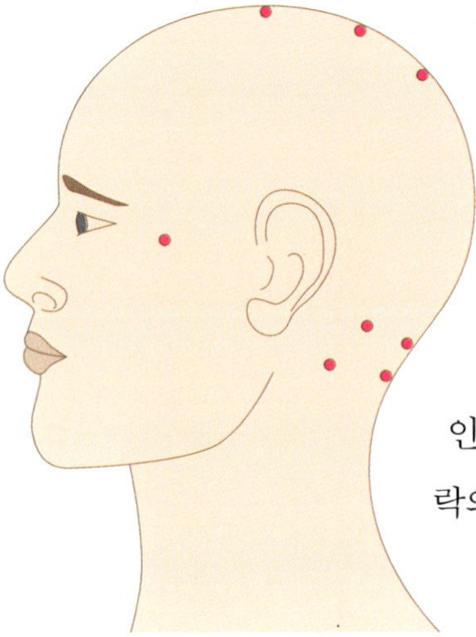

13
머리의 지압점

활용할 수 있다. 아울러 지압의 효과를 높이기 위해서는 지압의 부위와 손가락의 힘으로 경혈을 눌러야 한다. 같은 경혈이지만 몸의 컨디션에 따라 역효과를 가져오는 경우도 있으므로 세심한 주의가 필요하다. 입욕 중이나 목욕 후에 혈행이 좋을 때 하면 더욱 효과적이다. 두부와 신체에 경락이 흐르는 부위인 경혈을 누를 때 지문 주위로 누르는 것보다 엄지손가락의 제2관 2절을 사용하는 것이 바람직하다.

두피 관리 마사지로 활용가능한 방법으로는 미용지압요법인 타이마사지가 있다. 수기요법인 지압을 미용학적으로 개발한 미용지압요법은 근육에 부드럽게 손자극의 영향을 주는 정적 요법이며 통증을 기분 좋게 느낄 정도로 하는 것이 좋다. 마사지는 엄지손가락을 사용하는 법과 손바닥 전체로 지압하는 법을 활용하고 있다.

생각해 보기

1. 피부 관리숍 브랜드에 대해 알아보자.

2. 피부 관리사의 직무에 대해 알아보자.

<table>
<tr><td rowspan="2">이름</td><td>연령</td><td>직급</td></tr>
<tr><td>성별</td><td>사업장</td></tr>
<tr><td>1. 직무명</td><td colspan="2">2. 직무</td></tr>
<tr><td colspan="3">3. 직무내용 - 내용을 적고 직무 모습을 사진으로 찍어오기</td></tr>
<tr><td colspan="3">4. 숍의 특징 - 특징적인 부분을 사진으로 찍어와서 설명하기
(사진이 필요없는 부분은 내용만 적어서 설명하기)</td></tr>
</table>

CHAPTER 12

Introduction to Cosmetology

메이크업 미용

메이크업 미용의 기본 개념

메이크업make-up은 사전적 의미로 '제작하다, 보완하다'라는 뜻이며 화장품은 영어 'cosmetic'으로, 이는 그리스어 'cosmeticos'에서 유래된 말인데 잘 정리하고 감싼다는 뜻이다.

17세기 영국의 시인 리처드 크래쇼Richard Crashaw가 여성을 더욱 매력 있게 만드는 화장이란 뜻의 메이크업을 처음 사용하였고, 페인팅painting은 셰익스피어의 희곡에서 처음 등장하였다. 이것은 16세기 이탈리아에서 전해진 짙은 화장을 일컬었는데, 연백을 원료로 만든 분을 페인트paint라고 부르다가 후에 백납분에 색상과 향료를 섞어 만든 다채로운 안료를 얼굴에 색칠하는 것을 페인팅이라고 하였다. 프랑스어 마끼아쥬maquillage는 원래 분장을 의미하는 연극 용어였으며, 토일렛toillette은 투왈렛toillette이 1540년경 영국에 전해지면서 변한 말로, 화장을

1
현대의 메이크업

포함한 치장 전반을 가리킨다. 현대적인 의미의 메이크업은 미국의 할리우드 전성기에 여배우들의 화장 효과가 중시된 때부터 본격적으로 사용되었다.

메이크업 미용은 단순한 화장의 행위만을 나타내는 게 아니라 얼굴의 결점을 보완하여 더욱 아름답게 보이고자 꾸미는 행위이므로 자신의 자아를 하나의 개성으로 보여주는 이미지업의 의미를 담고 있다. 즉 세안, 기초화장, 남성화장, 두발화장, 목욕, 그리고 문신 등을 메이크업 미용 범주에 넣기도 한다.

화장이라는 말은 고유어가 아니며 개화기 이후 일본에서 도입된 외래어인데, 화장에 해당하는 고유어로는 장식粧飾, 단장端裝, 그리고 야용冶容 등이 있다. 화장의 농도에 따라 엷은 화장은 담장淡粧, 색채를 곁들여 멋들어지게 치장한 경우는 농장濃粧, 짙은 화장으로 요염한 꾸밈일 때에는 염장艶粧이라고 하였다.

메이크업의 역사

서양의 메이크업 역사

고대 이집트시대 메이크업의 특징은 눈에 초점을 맞추어서 정성스럽게 꾸미는 것으로, 공작석가루나 청록색의 동광석으로 만든 녹색 아이섀도를 즐겨 칠했고 눈꺼풀 위아래의 양쪽을 진하게 발랐다. 또 아이라인을 그리거나 눈썹과 속눈썹을 진하게 하기 위해 콜kohl이라는 검은 화장먹을 사용하여 물고기 형태로 눈꼬리를 길게 그렸다. 상류층 귀족들은 남녀 모두 눈 주위를 반짝거리게 하는 아이 글리터를 붙여 신비스러운 분위기가 느껴지게 했다. 그리스인은 기초적인 피부손질 외에 거의 메이크업을 하지 않았으나 얼굴에는 백납을 하얗게 발랐다. 로마시대에는 남녀가 모두 메이크업을 하였고 양 볼과 입술에는 붉은 염료를 발랐으며 상류층의 여성들은 몸단장과 피부 마사지, 색조화장을 즐겨했다. 특히 훈련된 노예들에게 화장품을 만들게 하여 화장을 전담시켰다.

중세시대에는 기독교의 금욕주의에 의해 여성이 신체를 가꾸고 화장하는 행위가 엄격히 제한되고 금지되어 화장은 행실이 나쁜 여성이나 예능인들만 하

2
테다 바라의 메이크업

는 행위로 한정하였고 순결과 정숙을 강요당하였다. 근대시대에는 화장을 하지 않은 얼굴이 대부분이고 단지 향수만을 사용하여 자연스러움을 강조하게 되었다.

20세기 초에는 19세기의 영향으로 자연스러운 메이크업이 지속되었다. 러시아 발레단의 파리 공연 이후 오리엔탈 붐이 일어나 동양적인 분위기의 눈화장이 유행하기도 하였다. 마스카라를 발라 눈매를 더욱 신비롭고 그윽하게 표현하여 관능적인 매력을 보여주는 게 유행하였다. 20세기 중반 메이크업은 여성의 가치를 높여주는 중요한 수단이 됨에 따라 우아한 이미지를 나타내는 메이크업이 유행하였고 색조화장이 발달하였다.

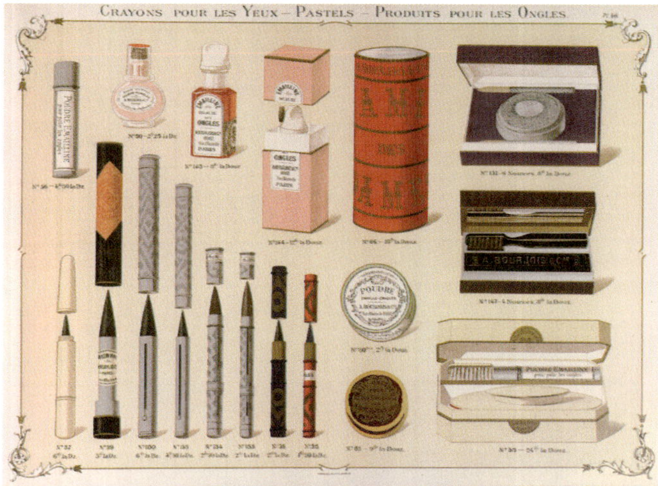

3
눈화장용 연필과 손톱용 화장품

1980년대 초반 메이크업은 잘 정돈되고 자연스러운 피부색을 위해 매트한 질감의 피부화장을 하였고 다양한 색상의 눈화장, 혈색 있는 볼화장, 그리고 풍성한 입술화장 등으로 자신감과 활기가 넘치는 이미지를 표현하였다. 1980년대 후반에는 자신의 건강함을 보여주고 개성을 표현하는 수단으로 메이크업을 사용하였으며 80년대 초반에는 컬러에 대한 관심이 높았지만 후반에는 피부에 더욱 관심을 쏟기 시작하면서 다양한 스타일이 공존하였다. 따라서 내추럴 메이크업에서 파티나 모임을 위한 화려한 메이크업에 이르기까지 TPOtime, place, occasion에 따라서 적절한 메이크업의 패턴을 선택하기도 하였다. 1990년대 메이크업은 복고풍 영향으로 다양한 트렌드가 공존하였으며 내추럴 메이크업이 지속되었다.

21세기의 메이크업은 피부의 결점을 보완하면서 자신의 피부톤을 최대한 살린 자연스러운 피부화장이 중요시 되었다. 도자기 같이 매끄러운 피부결과 촉촉하고 크리미한 질감, 또는 펄파우더의 절제된 사용에 의해 빛이 흐르는 느낌의 피부화장을 완벽하면서도 자연스럽게 표현하고 있다. 또한 IT의 발달로 화장문화의 트렌드가 국제화·지역화되는 글로컬리즘glocalism이 확산되었다.

한국의 메이크업 역사

우리나라 화장은 원시화장으로 추측되며 삼국시대부터 시작되었다고 추정한다. 백제인의 화장에 대해서는 구체적인 기록은 없으나 일본의 문헌에 백제로부터 화장품 제조기술과 화장법을 배워갔다는 기록이 있는 것으로 미루어 진보된 화장기술을 보유하고 있었다고 추측할 수 있다. 신라는 백제, 고구려보다 다소 늦게 문화를 발전시켰으나 화장 면에서는 두 나라보다 앞섰다. 신라인은 아름다운 육체에 아름다운 정신이 깃든다는 영육일치사상을 바탕으로 화랑들도 여성 못지않은 화장을 하였는데, 이마, 뺨, 그리고 입술 등에 연지를 바르고 색분을 만들어 사용하였다.

고려시대는 신라의 화장 경향을 계승하고 진보하였다고 볼 수 있다. 고려인의 화장은 결코 연하지 않았으며 고려시대부터 화장 경향이 이원화되었는데, 기생들의 분대 화장으로 인해 화장을 경멸하는 풍조가 생겨나기도 했고 불가에서는 짙은 화장을 금지하였다.

조선시대의 여염집 여성은 연한 화장을 고수하였는데, 여염집 여성의 생활 화

4 5

4
고구려 고분벽화에 나타난 연지

5
조선시대의 화장하는 여인

장과 기생 및 궁녀 등 특수층 여성의 의식 화장의 차이는 더욱 뚜렷해지고, 여염집 여성들의 생활 화장도 평상시 청결 위주의 화장, 혼인, 연회, 그리고 외출 시의 화장 등으로 세분화되었다.

개화기 이후에는 일본과 청나라를 시작으로 프랑스 등 유럽의 수입화장품이 국내에 다량 들어와서 크림, 백분, 비누, 그리고 향수 등이 대단한 인기를 끌었다. 이 무렵에는 잔털 없는 반듯한 이마의 흰 얼굴이 미의 상징이었으므로 박가분을 물에 개어 얼굴에 하얗게 발랐다. 그 후 아랫입술에 연지를 바르고 눈썹을 초승달 모양으로 그리는 화장법이 유행하기도 하였다.

6
21세기 메이크업

이후 국산화장품이 출시되어 피부 타입에 따라 기초화장품을 사용하였고 1980년대는 색조화장품과 기능성 화장품을 이용하여 자신만의 개성을 나타내었다. 2000년대에는 자연주의나 건강한 삶을 지향하는 웰빙 문화의 영향으로 내추럴 메이크업이 유행하였다. 현대에는 여성의 화장 문화를 패션과 함께 조화롭게 꾸미는 것을 중요시 하며 대중매체가 중요한 정보수단으로 자리하고 있다.

메이크업의 디자인 요소

형태에 의한 메이크업 디자인 요소

형태는 점, 선 및 면으로 이루어져 있으며 점은 피타고라스학파에 의해 '그 이상 분할할 수 없고 위치만 가진 것'으로 정의되는데, 기하학적 의미에서 크기는 없고 위치만을 가지게 된다. 메이크업에서는 다양성과 복합성을 가지며 표현하는 데 영향을 주고 포인트로 사용한다.

메이크업에서 형태의 표현은 직선, 곡선 및 사선으로 분류된다. 선의 형태가 주는 전체적인 이미지 이외에도 선의 굵기와 길고 짧음에 따라 착시현상을 줄 수 있는데, 눈썹의 굵기와 방향 및 길이, 입술 산의 형태나 직선인지 곡선인지에 따라 얼굴 형태와 이미지가 달라진다.

선은 점이 모여 이루어진 것인데, 점 다음으로 단순한 형식 요소로서 넓이와 깊이가 없고 길이만 있으며 모든 시각예술의 형태 표현 단계로 이용된다. 또 상대에 따라 운동감과 질감 및 양감의 표현도 달라진다.

색상에 의한 메이크업 디자인 요소

메이크업에서는 유사색과 대조색의 조화 메이크업을 볼 수 있다. 유사색 조화의 메이크업은 명도와 채도가 비슷한 톤끼리의 색조화로 이루어진 메이크업으로 눈에 띄거나 자극적이지 않아 안정적이고 편안함을 주는 반면 지루하게 보일 수 있다. 대조색 조화의 메이크업은 얼굴의 어느 한 부위와 다른 부위의 색대비가 있는 메이크업으로 강렬한 느낌을 주며 활기 있어 보이는 반면 자칫 경박해 보이거나 튀어서 촌스러워 보일 수 있다.

질감에 의한 메이크업 디자인 요소

메이크업에서의 질감은 사물의 표면에서 느껴지는 고유의 촉감, 즉 사물의 표면적 특성을 말하는 것으로 촉각에 의존한다. 메이크업에서 표현되는 질감으로는 건조한 질감matte, 윤기가 나는 질감glossy, 그리고 반짝이는 질감pearl, shimmer, glitter 등이 있다.

이상적인 페이스 프로포션

이상형의 얼굴 길이는 대개 세로가 18.6㎝, 가로는 12.95㎝라고 한다.

얼굴의 폭

얼굴의 가로 길이를 5등분하여 귀에서 눈꼬리까지, 눈꼬리에서 눈앞머리의 간격, 그리고 눈과 눈 사이의 간격 등이 동일해야 한다.

얼굴의 길이

얼굴의 세로 길이를 3등분하여 이마에서 눈썹까지, 눈썹에서 콧망울까지, 그리고 콧망울에서 턱선까지의 간격 등이 동일해야 한다.

눈썹의 위치

얼굴의 길이를 3등분하여 이마에서 1/3지점에 해당해야 한다.

눈썹머리

콧망울에서 일직선으로 연결되는 지점이 이상적이다.

입술

입의 가로 길이는 두 눈동자의 안쪽을 지나는 수직선보다 크지 않고 대략 눈의 가로 길이의 1.5배이며 윗입술과 아랫입술의 이상적인 비율은 1 : 1.5이다.

턱

형태에 따라 표준형 턱은 이마를 수직으로 연장한 선상에 위치하며, 이상적인 턱의 크기는 눈 사이의 간격과 동일하다.

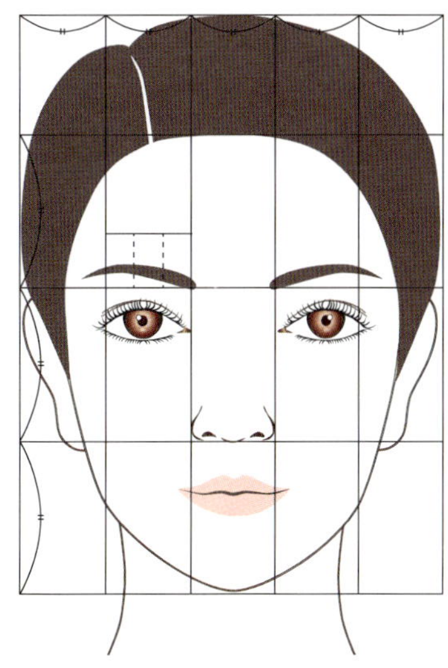

7
이상적인 페이스 프로포션

메이크업 제품의 특징

베이스 메이크업 제품

메이크업 베이스 ◢

피부색을 고르게 보이도록 해주며 파운데이션이 잘 발라지게 하고 얼룩져 보이지 않게 한다.

파운데이션, 비비크림 ◢

메이크업의 지속성을 높이고 기미나 주근깨와 같은 피부의 결점을 커버하면서 광택과 투명감을 부여하며 자외선을 차단해주는 효과가 있다.

파우더 ◢

피부색을 정돈하고 화사하게 표현해주며 번들거리는 것을 방지하고 땀이나 피지의 분비를 억제하고 피부에 투명감을 부여한다.

포인트 메이크업 제품

아이브로펜슬 ◢

눈썹의 형태를 정리해주고 눈가를 확실하게 보이게 해주며, 그리는 방법에 따라 얼굴의 표정을 변화시켜 준다.

아이섀도 ◢

눈가에 음영을 주어 입체적으로 보이도록 해준다.

아이라이너 ◢

속눈썹 부분에 라인을 그려 눈의 윤곽을 강조시켜주며 눈의 형태를 변화시키고 표정을 풍부하게 해준다.

마스카라 ◢

속눈썹을 진하고 길게 하여 눈이 선명하며 크고 아름답게 보이게 한다.

블러셔 ◢

얼굴의 결점을 커버하고 입체감을 부여하며 밝고 건강하게 보이게 한다.

립스틱, 립글로스 ◢

입술에 색채감을 주어 얼굴을 돋보이게 하는 것으로 가장 효과가 좋은 제품이며, 입술의 건조를 방지하고 자외선으로부터 입술을 보호한다.

메이크업 미용의 분야

뷰티 메이크업

뷰티 메이크업은 유행에 민감하고 계절에 따라 색상과 텍스처를 다르게 표현할 수 있는 감각이 요구되는 메이크업이다. 결점을 커버하고 개성 있는 메이크업을 연출하여 아름다워 보이도록 미적 역할을 하며, 외모를 아름답게 하여 자신에 대한 만족도가 커져 사회생활에서 스스로 자신감을 얻을 수 있게 한다. 그리고 인물이 지니고 있는 가치 추구를 반영하기도 하며 아름다움을 추구하므로 인간의 삶을 윤택하게 하는 역할도 한다. 뷰티 메이크업은 단순히 외적으로 가꾸는 차원이 아니라 내면의 정신적인 측면까지 표현해내는 생산적인 작업을 의미하며 그 사람의 교양, 사고, 그리고 사회적 풍조 등에 따라 각기 다르다. 즉 단순히 얼굴에 칠을 하는 것이 아니라 아름다운 마음을 외적 예술로 표현하는 방식이라고 하겠다.

내추럴 메이크업

내추럴 메이크업은 얼굴 모양이나 피부의 질감을 살리면서 가장 자연스럽게 보이기 위한 메이크업으로 지나치게 과장하거나 강조하지 않고 내추럴한 아름다움을 부각시킬 수 있는 투명한 피부 표현과 건강하고 활발한 이미지를 나타내는 것을 말한다. 내추럴 메이크업은 있는 그대로의 자연미를 살릴 수 있는 자연스러운 화장을 말하는 것으로 주로 데이타임 메이크업, 나이트타임 메이크업, 그리고 포인트 메이크업 등이 있다.

패션 메이크업

패션 메이크업은 장소, 계절, 그리고 문화 등 다양한 패션 경향에 따라 연출되며, 시대에 따른 유행과 색상이 민감하게 제시된다. 즉 패션 메이크업은 전체적인 조화를 고려한 토털패션 차원의 의미이다. 패션 메이크업에는 카탈로그, 패션쇼, 그리고 패션 CF 촬영 등에 나오는 모델을 대상으로 메이크업을 하는 것이다.

8 9

8
내추럴 메이크업

9
패션 메이크업

수정 메이크업

수정 메이크업은 각 얼굴 부위의 결점을 보완하여 본인의 이미지를 가장 효과적으로 표현하는 것이 가장 큰 목적이다. 미인의 얼굴형인 계란형에 가깝도록

10
수정 메이크업

블러셔 등을 이용하여 광대뼈와 옆 턱선을 중심으로 그러데이션을 주어 작고 갸름한 얼굴 형태로 표현한다.

미디어 메이크업

CF는 커머셜 필름commercial film의 약자인데, 미디어 메이크업은 광고 사진을 위한 메이크업으로 광고 목적에 따라 확실한 메시지와 이미지를 전달하는 것이 중요하다. 광고주와 연출자 등 전 스텝회의를 통해 광고의 목적이 드러날 수 있도록 섬세한 부분까지 논의한 후 완성시킨다.

웨딩 메이크업

웨딩 메이크업은 결혼을 앞둔 신부를 주 대상으로 메이크업을 하는 것이다. 전체적으로 우아하고 깨끗한 이미지가 느껴지도록 해야 하고 조명에 따라 메이크업의 색감이 달라보이므로 예식 분위기, 장소, 그리고 시간과의 조화에 따른 색감 표현 등에 중점을 두어 표현한다.

11 12

11
미디어 메이크업

12
웨딩 메이크업

아트 메이크업

아트 메이크업이란 'art'와 'make up'의 합성어로 예술성을 부여한 것이다. 얼굴 혹은 신체를 대상으로 각양각색의 그림 형태와 장식 등을 이용하여 강한 메시지를 전달하는 것으로 자신의 생각이나 주제를 표현하거나 창의적으로 이미지화하여 메이크업을 예술의 경지로 끌어올리는 분야이다.

13
14

13
페이스 페인팅

14
판타지 메이크업

페이스 페인팅

페이스 페인팅face painting은 얼굴 중심으로 하는 페인팅으로 창조적인 이미지 표현방법이다. 얼굴 위에 미리 디자인해 놓은 특정 도안과 형상을 그리고 칠하는 것을 말하며 애니메이션 캐릭터나 국기, 로고나 심벌마크 등을 그려서 메시지를 전달하거나 상황에 어울리는 분위기를 조성하고 흥을 돋우는 역할을 한다. 가장무도회와 같은 파티, 캐릭터 연극 분장이나 중국의 경극과 일본의 가부키 분장, 아이들을 위한 이벤트성 페인트 등 그 쓰임새가 다양하다.

판타지 메이크업

판타지 메이크업fantasy make-up은 주로 상반신 위주로 작업하며 의상, 헤어, 그리고 장식 등까지 포함한 토털 스타일링이라고 볼 수 있다. 전체적인 콘셉트에 맞게 아트 의상, 헤어, 장식, 그리고 오브제의 사용 등을 통해 주제에 어울리게 이미지를 연출해야 한다. 판타지 메이크업의 활용도는 연극, 무용 등의 무대예술에서 주로 표현되며 각종 축제나 파티, 무도회 등 일상생활 속에서도 표현되고 있다.

15
보디 페인팅

보디 페인팅

보디 페인팅body painting은 1966년 아트디렉터인 마틴 리트Martin Ritt에 의해 새롭게 현대적 미술로 표현되기 시작했다. 보디 페인팅은 신체를 캔버스 개념으로 보고 그 위에 채색을 하는 기법으로 전신 위주로 작업을 한다. 주제를 정하고 디자인을 하는데, 기본적으로 신체의 골격 및 구조를 이해해야 하며 신체의 비율, 조화, 그리고 균형 등을 생각하면서 디자인해야 하고 디자인 원리를 바탕으로 주제에 맞는 표현을 해야 한다. 또한 오브제나 장식적인 표현으로 주제를 더욱더 부각시킬 수 있으며 작품의 완성도를 높일 수 있다.

분장

분장扮裝의 사전적 의미는 한자로 나누어진 모든 것을 알맞게 챙겨 완전히 갖추도록 한다는 것이며, '꾸미다, 매만져 차린다'는 의미의 분扮과 '수식하다, 차리다, 옷차림을 하다'라는 의미의 장裝으로 이루어져 있다. 영어로는 'make-up'이

16 17

16
카니발 분장

17
무대 분장

라고 하는데, 이 역시 '만들어서 상승효과를 주게 한다'로 풀이할 수 있다.

분장은 배우나 무용가가 극중 인물을 표현하기 위해 화장을 하고 의상·가발·가면·모자·신발 등을 착용하는 것을 말하며, 대사나 연기활동을 하기 전에 관객의 시각을 통해 그 역할의 시대·지역·연령·직업·지위·성격 등을 설명하기 위한 중요한 극적 요소라고 정의할 수 있다.

현대에는 영상기술의 발달로 인해 분장에서 보다 자연미가 필요해지면서 사용되는 장소에 따라 무대 분장, 영상 분장, 그리고 특수 분장 등으로 분류한다.

무대 분장

영상매체를 통하지 않고 관객과 배우가 무대라는 공간 속에 함께하고 라이브로 진행되는 마당극, 무용극, 뮤지컬, 연극, 오페라, 그리고 성극 등이 무대극인데, 무대극에서 이루어지는 분장을 무대 분장이라고 한다.

무대 분장은 색조의 선택이나 표현방법을 과장시켜 작품의 특징에 따라 여러 캐릭터를 자유롭게 구상해낼 수 있어야 한다. 무대공연의 특성상 분장이 완성되면 수정할 수 없으니 공연이 끝날 때까지 최초의 분장 상태가 유지되도록 주의하고 잦은 무대 전환에 따른 분장 변화의 방법도 고려해야 한다. 또한 무대 공연은 종합 예술극이므로 분장사는 연출자의 의도, 무대 배경, 무대 조명, 의상, 그리고 소품 등 전체적인 조화가 이루어졌는지 파악해야 하고, 공연 전 충분한 연습과 연구가 이루어져 배우가 맡은 배역을 충실히 연기할 수 있도록 최선의 노력을 기울여야 한다.

영상 분장

영상매체는 TV, 영화, 광고, 그리고 사진 등으로 나눌 수 있다. 영상 분장은 무대와는 달리 카메라라는 매개체를 이용하여 브라운관이나 각종 전자기기와 인쇄물을 통해 거리감 없이 시청자에게 전달되는 방식이기 때문에 분장사는 분장하기 전에 영상기자재에 대해 알고 있어야 하며, 분장한 후에 반드시 모니터로 확인해야 한다. 또한 과학기술의 발달로 인해 영상기기는 최첨단화와 세밀화되고 있으므로 그에 따른 분장사의 노력도 더 많이 요구된다.

TV 분장

TV 프로그램의 성격과 내용에 따라 분장이 달라지므로 분장사는 대본의 내용, 프로그램의 성격, 그리고 연출자의 의도 등을 잘 고려하여 분장해야 한다. 아름답거나 멋진 모습만을 추구하기보다는 작품 속에 설정된 각 인물들의 나이, 성격, 직업, 그리고 환경 등 배우의 모습에 이질감이 없도록 새로운 인물로 변모시켜 주어야 하며 연기자 얼굴의 미세한 결점이나 분장의 미흡한 부분이 빠짐없이 노출되기 때문에 완벽한 분장이 요구된다.

18
TV 분장

영화 분장

영화 분장은 TV 분장과 큰 차이점은 없으나 대형화면에 확대되어 상영되기 때문에 TV보다 더욱 섬세한 분장이 이루어져야 한다. 시대극, 고전극, 현대물, 에로, 액션, 코믹, 그리고 공포 등으로 다양하게 분류된다.

19 20

19
영화 분장

20
광고 분장

광고 분장

제품, 기업, 홍보, 그리고 공공기관의 캠페인 등의 특수 목적을 가지고 일반인에게 알리기 위해 제작한 전문 영상작업물이 광고이다.

광고 분장은 광고 효과를 극대화하기 위해 기획 의도나 제작자, 연출자의 요구 조건 등을 충분히 파악하여 이미지 또는 제품에 알맞은 분장을 구상해야 하며, 이를 바탕으로 분장사가 더 나은 아이템을 창출해 낼 수 있는 능력을 발휘해야 한다.

특수 분장

특수 분장의 원어는 'special effect make-up'이고, 약자로 'FX make-up' 또는 'SFX make-up'으로도 표기하며 특수효과 분장이라고도 한다.

특수 분장은 극의 표현을 위해 인위적으로 외형을 변형시켜서 본래 배우가 가지고 있는 외모의 특성을 극단적으로 변화시키거나 또는 완전히 새로운 이미지로 탈바꿈시킬 수 있다.

특수 분장은 일반 분장을 토대로 극중 인물의 특성을 더욱 강조해 주고 일반

21
특수 분장

분장으로는 표현할 수 없는 부분과 실제로 촬영할 수 없는 장면까지 사실적으로 보여줄 수 있다. 특수 분장에는 신체의 부분적인 변형을 비롯하여 배우의 얼굴 또는 신체의 전신을 석고로 떠서 모형을 제작하는 프로스세틱스prosthetics 분장이 있다.

근래에는 과학기술의 발전에 따라 일반적인 특수 분장의 개념과 애니메트로닉스animatronics, 컴퓨터그래픽computer graphic이 결합하여 그 개념이 더욱 확장되었다. 즉 일반적이지 않은 특수한 분장을 뜻하는 것으로 극의 분위기나 사건 진행을 위해 인위적으로 가해지는 형상의 변화를 말하며 전문성과 완벽한 테크닉을 요구하는 분야이다.

생각해 보기

1. 메이크업 분야의 취업처는 어떤 곳이 있는지 알아보자.

2. 메이크업 아티스트의 직무에 대해 알아보자.

<table>
<tr><td rowspan="2">이름</td><td>연령</td><td>직급</td></tr>
<tr><td>성별</td><td>사업장</td></tr>
<tr><td>1. 직무명</td><td colspan="2">2. 직무</td></tr>
<tr><td colspan="3">3. 직무내용 – 내용을 적고 직무 모습을 사진으로 찍어오기</td></tr>
<tr><td colspan="3">4. 숍의 특징 – 특징적인 부분을 사진으로 찍어와서 설명하기
(사진이 필요없는 부분은 내용만 적어서 설명하기)</td></tr>
</table>

CHAPTER 13

Introduction to Cosmetology

네일 미용

네일 미용의 기본 개념

네일nail은 손톱fingernail과 발톱toenail을 의미하며, 네일 미용은 매니큐어, 페디큐어, 인조 네일, 왁싱, 그리고 네일 아트 등을 포함한다. 매니큐어는 손의 관리를 뜻하는데, 여기에는 손톱의 모양 정리, 큐티클 정리, 굳은살 다듬기, 손 마사지, 팩, 컬러링, 그리고 네일 아트 등이 포함된다.

페디큐어는 발의 관리를 뜻하며 발톱의 모양 정리, 큐티클 정리, 각질 제거, 굳은살 제거, 마사지, 팩, 컬러링, 그리고 네일 아트 등 발에 관련된 모든 관리를 포함한다.

그동안 신체 부위에서 손은 기능적 측면뿐만 아니라 여성미의 상징으로 간주되었으며, 특히 흰 손과 붉은 손톱은 동서고금을 막론하고 아름다운 여인의 요소이기도 했다.

네일 미용의 역사

동서양의 네일 미용 역사

BC 3500년경으로 추정되는 고대 이집트의 왕비 무덤에서 손톱에 바르는 약과 도구들이 출토되었으며 금과 동으로 만들어진 손톱용 칼과 줄칼 등도 발견되었다. 고대 이집트에서 지위가 높은 남녀는 주술적 의미와 장식적 의미를 담아 손톱을 염색하였다.

BC 4세기경 리시포스Lysippos가 제작한 남성 전신 청동 조각상에는 고운 손과 윤곽이 뚜렷하고 섬세한 손톱이 두드러지게 표현되었다. 그리스의 상류층 여인들은 인조 손톱의 재료로 피스타치오 껍질을 손톱 위에 붙이기도 하였으며, 이러한 인조 손톱은 유럽 전역에서 점진적으로 유행하였다.

BC 3000년경 중국에서는 밀랍이나 달걀흰자, 그리고 홍화 등을 사용하여 네일을 칠하였고 BC 600년경 귀족들은 금색과 은색을 손톱에 발라 화려하게 치장했으며, 15세기에 들어와서 명나라시대 귀족들은 흑색과 적색을 칠하였다. 또한 손톱을 길렀으나 손놀림이 부자연스러워 나중에는 새끼손가락만 전시적으로 손질했으며 나머지 손가락은 짧게 깎았다. 특별한 행사 때에는 과장된 가짜 손톱을 끼우기도 했다. 인조 손톱은 중국 명나라시대 상류층 여인들이 신분을 과시하기 위한 수단이었다.

중국 청나라의 서태후는 엄지, 약지, 그리고 소지 등의 손톱이 특히 길었는데, 옥그릇에 뜨거운 물을 담고 손톱을 하나씩 담가 부드럽게 한 후 바르게 교정하고 단정하지 못한 곳은 줄칼로 다듬은 다음, 작은 솔로 손톱의 안과 밖을 솔질했다고 한다. 그런 다음 새 깃털 밑부분에 있는 대롱모양의 관을 이용하여 네일을 고르게 바른 후 황금으로 만든 손톱장신구를 씌웠다. 서태후가 가진 작은 함에는 손톱을 다듬는 도구, 즉 작은 칼과 작은 가위, 작은 줄칼과 작은 솔, 그리고 긴 코바늘과 새 깃털, 우렁이 껍질 모양의 네일 염료 병을 보관하였다. 서태후의 약지와 소지의 손톱 길이가 10cm에 달했는데, 업무를 볼 때도 펜 대신 자신의 손톱을 이용하여 공문서에 표기를 했다.

1
네일 미용

2 3

2
청나라 서태후의 길고 뾰족한 손톱

3
초현실적인 네일

17세기 유럽에서는 부의 상징으로 손톱을 길렀는데, 약 5인치의 손톱을 기르고 손상 방지를 위해 정교한 보석으로 치장된 금이나 대나무 부목을 이용하여 손톱을 보호하였다. 18세기에는 고귀한 신분을 나타내는 데에는 가발이 최고의 자리를 차지하였고, 손톱은 예술의 발전에서 멀어져 오로지 짧고 둥글게 깎았다. 19세기에는 순결한 우유빛 손과 투명한 분홍빛 손가락을 가지기 위해 소량의 밝은 루비 가루를 손가락 위에 얹고 거의 진주처럼 아주 밝은 색이 될 때까지 샤무아 가죽이나 물소의 가죽으로 된 솔로 문질렀다.

현대적 의미의 네일 관리가 시작된 것은 1800년대인데, 이 시기에는 네일 끝이 뾰족한 아몬드형 네일 모양이 유행하였으며, 큐티클을 정리하는 전문 숍이 등장하기도 하였다. 이후에는 네일 관리가 일반인들에게 대중화되어 손톱 모양을 갸름하게 다듬기도 했고, 가죽 버퍼로 광을 내기도 했다. 1885년에는 네일 에나멜의 필름형성제인 니트로셀룰로오스nitrocellulose가 개발되어 네일 시장에 활력을 불어넣었다. 20세기 초에는 프랑스 파리의 오스만 대로에 최초의 매니큐어 숍이 문을 열었다.

1970년대에는 본격적으로 접착식 인조 손톱이 개발되어 당시의 연예인들에게 선풍적인 인기를 끌었고, 점차 다양한 인조 손톱이 생겨났다. 1980년대에 여러 네일 제품 업체가 생겨나 네일 산업이 급성장을 하였고, 네일 액세서리가 인기몰이를 하기도 했다. 1982년 미국의 태미테일러Tammy Taylor가 아크릴릭 네일 제품을 개발했으며, 1990년대에는 미국에서 네일협회NIA, The Nail Industry Association가 창립되어 본격적으로 네일 산업의 강세가 이어졌다. 1994년에는 라이트 큐어드 젤 시스템light cured gel system이 등장했으며 뉴욕주에서는 네일 테크니션 면허 제도가 도입되었다.

2000년대에는 명품 화장품 브랜드에서도 네일 에나멜이 여성들의 뷰티 아이템으로 판매되었고, 네온과 메탈 컬러처럼 다양한 색상이 제품으로 출시되었으며 네일 디자인도 인조 손톱과 오브제를 이용하여 개성 있게 표현하였다.

한국의 네일 미용 역사

현대의 네일 개념은 다른 미용 분야에 비해 가장 늦게 도입되었다. 1980년대 일본에서는 아크릴릭 등의 인조 손톱이 인기를 끌며 네일 문화가 성장하였고 우리나라에도 그 영향을 끼쳤다. 제24회 서울올림픽 때에는 그리피스 네일살롱이 이태원에서 오픈하고 1990년대 미국의 키스사 제품이 소개되었으며 압구정동에서 쎄씨네일과 할리우드 네일 매장 2개가 오픈하였다. 미국 레블론 계열사인 크리에이티브가 전문가용 네일과 다양한 양질의 서비스를 국내에 다량 공급하여 제품의 대중화에 기여하였다. 1990년대 중반에 백화점 내에 네일 코너가 등장하였고, 1997년에는 인조 손톱을 즐겨 하는 인기 연예인들의 영향에 의해 대중에게 친숙히 다가섰다.

현재는 젤 시스템과 손발톱 교정에 대한 관리가 성행하고 있다. 다른 미용 분야에 비해 가장 늦게 산업화가 되었지만 현재는 국가자격증이 신설되어 그 기반이 튼튼해진 분야이다.

4
현대의 네일

네일의 특징

손톱은 태아가 자궁에서 형성될 때부터 존재하는데, 임신 8~9주에 피부의 표피가 변하며 임신 12~13주까지 손톱이 형성되기 위한 준비를 하고 약 14주에는 손톱이 자라나는 것을 볼 수 있다. 태아의 발톱은 손톱보다 약 10일을 기준으로 늦게 자라며 약 20주 후에 완전히 자란 발톱을 볼 수 있다.

건강한 손톱은 손톱의 두께가 0.5~0.75mm로 일정해야 하며 갈라짐이나 부러짐, 그리고 홈 등과 같은 손상이 없어야 하면서 선홍빛을 띠는데다가 윤기가 있고 탄력이 있다. 피부와 밀착되어 들뜸이 없고 단단하며 수분량이 적절하여 건조하지 않고 하얗게 일어나는 것이 없어야 건강한 손톱이다.

손톱은 하루에 0.1mm 정도의 길이가 자라며, 네일 보디의 완전한 교체 시기는 4~6개월 정도이고, 발톱은 9~12개월인데 손톱보다 1/2 정도 느린 속도로 성장한다. 네일의 길이는 나이나 건강상태, 생활습관, 그리고 주위환경 등에 따라 차이가 있다.

네일에는 경단백질인 케라틴이 여러 층으로 구성되어 있고, 신경과 혈관은 존재하지 않으며 12~18% 정도의 수분을 함유한다.

네일의 구조

네일 루트

손발톱이 자라는 가장 중요한 부분을 네일 루트nail root라고 하며, 세포 조직을 형성하는 곳이다.

네일 보디

손발톱 자체를 네일 보디nail body라고 말하며, 네일 플레이트라고도 한다.

프리에지

손발톱의 끝부분을 프리에지free edge라고 말하며, 피부와 떨어져서 자라나는 것으로 잘라낼 수 있는 부분이다.

옐로우라인

손톱과 네일 베드의 경계선으로 자주 더러워지는 부분이 옐로우라인yellow line이다.

스트레스 포인트

외부적인 충격을 가장 많이 받는 부분을 스트레스 포인트stress point라고 하며 네일이 찢어지기 시작하는 곳이다.

네일 베드

네일 보디 밑에 있는 피부를 네일 베드nail bed라고 말하며 네일 보디를 받쳐주는 역할을 한다.

매트릭스

네일 베드가 시작되는 끝 부분에 있으며 세포가 형성되는 곳을 매트릭스matrix라고 한다. 매트릭스의 길이와 넓이에 따라 네일 보디의 형태와 두께가 결정된다.

루눌라

케라틴화가 완전히 되지 않은 여린 부분은 루눌라lunula라고 하며 유백색의 반달 모양을 하고 있다.

큐티클

손발톱 주위를 덮고 있는 신경이 없는 피부를 큐티클cuticle이라고 말하며, 세균의 침입으로부터 손발톱을 보호하는 역할을 한다.

5
네일의 구조

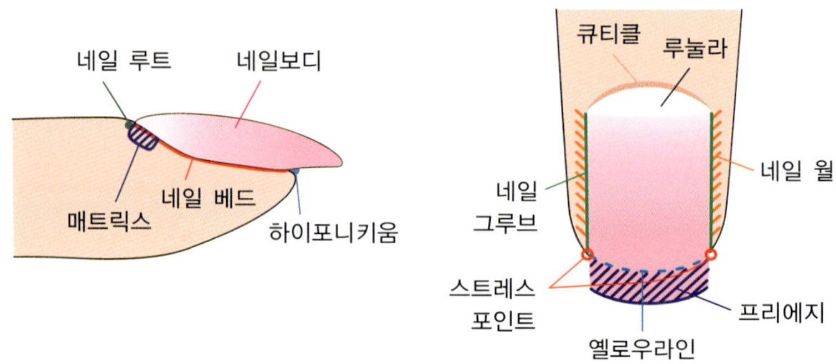

네일 월

네일 보디의 양쪽 옆면에 있는 피부를 네일 월nail wall이라고 말하며, 네일 루트를 밀착하고 보호하는 기능을 한다.

네일 그루브

네일 보디와 네일 월 사이에 있는 옆면의 홈을 네일 그루브nail groove라고 말하며, 네일 보디를 안내하는 역할을 한다.

하이포니키움

네일 베드가 끝나는 곳, 즉 프리에지가 시작되는 지점에 있는 것을 하이포니키움hyponychium이라고 하며 네일 베드를 공격하는 세균으로부터 막아주는 역할을 한다.

네일 미용의 분야

네일케어

네일케어란 손과 손톱, 발과 발톱을 깨끗하고 건강하게 관리하는 것으로 매니큐어와 페디큐어로 나뉘며, 매니큐어는 레귤러 매니큐어, 핫 크림 매니큐어, 그리고 파라핀 매니큐어 등이 있다. 레귤러 매니큐어는 습식 매니큐어라고도 하며 일반적인 네일 관리를 말하는 것으로 손톱모양, 큐티클 정리, 영양 공급, 마사지, 보강제 바르기, 컬러링, 그리고 광택제 바르기 등이 포함되어 있다. 핫 크림 매니큐어는 핫 오일 매니큐어라고도 하며 건조한 손과 손톱을 유연하고 부드럽게 관리해주는 테크닉으로 현재는 거의 하지 않는 관리법이다. 파라핀 매니큐어는 파라핀을 이용하여 고객의 손과 발 관리를 하므로 신진대사가 좋아지고 노폐물을 제거해주어 보습 효과가 뛰어나고 피부를 부드럽게 가꾸어 주는데 효과적이다.

기본 관리 과정

셰이프

네일의 모양을 다듬어 주는 관리 기술을 셰이프shape라고 하는데, 포인트, 오벌, 라운드, 스퀘어 오프, 그리고 스퀘어 등이 있으며 직업, 네일 보디의 길이, 그리고 보디의 형태 등에 따라 관리한다.

큐티클 정리

큐티클 니퍼를 이용해서 네일 주변의 깨끗하지 못한 큐티클을 정리해주는 관리 기술이다.

핸드스파

환절기나 겨울철에 가장 많이 관리되는 네일 서비스로 매뉴얼 테크닉, 스크럽scrub, 그리고 파라핀 트리트먼트 등이 있다.

컬러링

컬러링은 네일에 색상을 바르는 과정으로 네일 보호를 위한 베이스코트나 영양제 바르기, 아름다움을 위해 색상 바르기, 그리고 색상을 오랫동안 유지하고 광택을 주기 위한 탑코트 바르기 등 3단계로 관리한다. 컬러링은 네일 전체에 바르는 원톤 컬러링full coat coloring, 네일의 끝부분에만 바르는 프렌치 컬러링french coloring, 그리고 네일의 프리에지 끝으로 갈수록 색상이 진해지는 그러데이션 컬러링gradation coloring 등으로 나눌 수 있다.

기본 케어의 종류

습식 매니큐어

손과 손톱을 깨끗하게 관리하고 마사지를 통해 혈액순환을 촉진시키며, 컬러링으로 손톱을 장식하는 네일 기술의 기본이며 중요한 관리법이다. 순서는 손 소독, 손톱 파일링, 손톱 큐티클 정리, 손 마사지, 그리고 컬러링 등의 순이다.

프렌치 매니큐어

손톱의 프리에지 부위에 에나멜을 바르는 방법으로 대부분의 손톱에 잘 어울리는 매니큐어이다. 특히 깨끗하고 깔끔하게 보여 주로 웨딩드레스를 입는 신부들이 많이 하고 여름철에도 이 방법으로 많이 관리하고 있다. 보통 베이스코트를 바른 후 핑크나 피치 계열의 색으로 베이스컬러를 바른다. 그 다음 흰색의 에나멜로 프렌치 라인을 만드는데, 요즘은 여러 가지 색으로 다양한 프렌치 모양을 나타낸다.

파라핀 매니큐어

혈액순환을 촉진시켜 거칠거나 건조한 피부를 부드럽고

 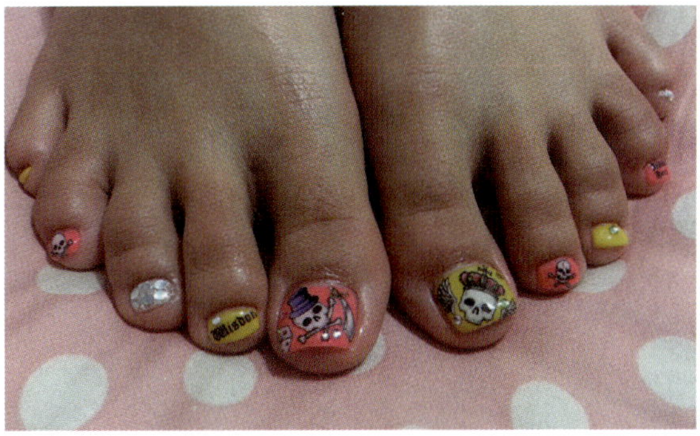

6 7

6
프렌치 디자인

7
페디큐어

윤택하며 건강하게 가꾸어주는 관리방법이다. 피부에 열을 공급하여 모공을 열어 영양과 수분을 공급해주며, 또한 처리거나 붓거나 탄력이 떨어진 피부에도 적합하다.

페디큐어

일반적으로 발의 노출이 많은 여름철에 페디큐어를 하는데, 이것은 발과 발톱의 미관을 가꾸어줄 뿐만 아니라 혈액순환을 원활하게 하고 피로를 풀어주어 신체의 건강과 정신적인 건강까지도 증진시키는 역할을 한다. 발소독, 발톱 파일링, 발톱 큐티클 정리, 각질 제거, 발마사지, 그리고 컬러링 등의 순서로 관리한다.

왁싱

왁스를 사용해서 제모를 하는 것으로 신체 부위에서 원하지 않는 곳의 털을 제거하는 관리를 말한다. 겨드랑이, 팔·다리, 눈썹, 그리고 비키니 라인 등의 부위를 제모하거나 원하는 모양대로 다듬을 때 주로 관리한다. 왁스, 족집게 면도, 실면도, 왁싱 테이프, 탈색, 그리고 탈모제 등으로 하는 일시적 왁싱법과 레이저 광선의 빛 에너지로 모근을 파괴시키는 영구적 왁싱이 있다.

인조 네일

인조 네일은 인공적으로 만든 네일로 자연 네일보다 길이를 더 길게 연장해 주는 익스텐션extension과 찢어지거나 약한 자연 네일을 보강하는 랩핑wrapping으로 나눌 수 있다.

익스텐션에는 팁 시스템, 실크 익스텐션, 아크릴릭 시스템, 그리고 젤 시스템 등이 있으며 랩핑의 종류에는 실크, 린넨, 파이버글라스, 그리고 페이퍼 등이 있다.

네일 랩은 손톱을 포장한다는 뜻으로 '오버레이overlay'라고도 한다. 천이나 종이를 네일 크기로 오려서 접착제를 사용하여 손톱에 붙이는 것으로 실크 랩이 가장 활용도가 높다.

팁 시스템

팁은 플라스틱, 나일론 및 아세테이트 재질로 만들어진 인조 손톱으로 글루를 이용하여 자연 네일에 접착시켜 인위적으로 길이를 연장하는 데에 사용된다. 팁으로 연장된 인조 네일은 자체만으로는 약하기 때문에 실크, 린넨, 그리고 파이버글라스 등의 천을 랩핑하거나 아크릴릭이나 유브이 젤을 사용하여 오버레이하면 팁의 단점을 보강할 수 있다.

실크 익스텐션

실크 익스텐션은 실크와 필러 파우더만을 이용하여 네일의 길이를 연장하는 것으로 실크의 부드러운 감촉으로 자연 네일과 가장 가까운 질감을 표현할 수 있으나 약한 것이 단점이다.

아크릴릭 시스템

아크릴릭 시스템acrylic system은 아크릴릭 리퀴드와 아크릴릭 파우더의 혼합으로 만들어진 폴리머를 이용하여 네일을 연장하는 것으로 아크릴릭 폼지를 사용해

8
아크릴릭 디자인의 천장지구(天長地久)

서 조각하듯이 네일을 한다는 의미로 스컬프처 네일sculpture nail이라고도 한다. 단단하나 아크릴릭 리퀴드액의 냄새가 강하다. 각종 컬러 파우더와 리퀴드로 다양한 디자인을 연출할 수 있으며, 특히 습기에 강하다. 기법에 따라 아크릴릭 팁 오버레이, 디자인 스컬프처, 원톤 스컬프처, 그리고 프렌치 스컬프처 등으로 분류된다.

아크릴릭 시스템은 평면적 또는 입체적으로 다양한 디자인이 가능하다. 2D 아트는 아크릴릭 파우더를 이용하여 반 입체적인 느낌을 표현하므로 파일링 작업이 필요 없는 쉽고 간편한 기법이며, 3D는 입체조형물로 손톱 위에 시술되는 경우보다 장식품이나 작품제작용으로 많이 이용된다.

젤 시스템

유브이 젤UV gel은 젤을 바른 손톱을 자외선이나 할로겐 라이트 빛으로 건조시키는 것을 의미한다. 젤은 강하면서도 고광택에 유연성이 좋고 오래 지속되며 냄새가 전혀 없는 장점이 있다. 항상 깔끔한 손톱을 유지시켜 주고 또한 원하는 색을 바를 수 있으며 글리터, 스팽글, 그리고 데코 등의 액세서리를 이용하여 관

9
젤 디자인의 청적황백흑(靑赤黃白黑)

리할 수 있어 활용도가 높다.

UV 램프는 UV-A를 발산하며 10시간 이상 이 빛에 피부를 노출시키면 피부 변색이 오게 되는데, 네일용 UV 램프는 1회 180초 이상 큐어링curing 시간이 소요되지 않으므로 아무 이상이 없으나 오랜 시간 동안 직접 바라보면 실명할 수 있으므로 주의를 요한다.

네일 아트

마블 아트

마블marble은 '빛나는 돌'이라는 뜻을 가진 그리스어 'marmaros'에서 유래된 것으로 색과 무늬가 아름다운 대리석을 말하며 마블 아트는 이를 표현한 아트를 말한다.

워터마블 아트는 물 위에 에나멜을 떨어뜨려 뾰족한 스틱으로 무늬를 만든 후에 손톱 위에 떠내듯이 묻혀 디자인을 표현한 것을 말한다. 유성마블 아트는 에나멜 마블 또는 스틱 마블이라고도 한다. 에나멜이 마르기 전에 다른 색상의 에나멜을 올려서 가는 디자인 브러시로 무늬를 만들어낸다.

10 11
12 13

10
워터마블 아트

11
유성마블 아트

12
라인스톤 아트

13
스트라이핑 테이프 아트

라인스톤 아트

크고 작은 다양한 색깔을 가지고 있는 인조 보석을 라인스톤이라고 하며, 이를 가지고 디자인하는 아트를 말한다. 광택이 화려하고 아름다워 그 자체만으로 고급스러움을 연출할 수 있다.

스트라이핑 테이프 아트

여러 가지 색과 디자인이 된 테이프를 이용하는 아트를 말하며 쉽고 간단하면서도 모던한 느낌을 연출한다.

데칼 아트

데칼decal은 'decalcomanie'에서 나온 용어이며, 20세기 중엽의 독특한 미술기법을 일컫는 말이다. 워터데칼 아트는 무늬를 특수한 종이에 찍어 얇은 막을 이루게 만든 뒤 다른 표면에 옮기는 것이다. 무늬가 그려져 있는 데칼을 오려서 탑코트를 바른 후 물에 30~40초 정도 넣어두고 물에 불린 무늬의 뒷면 종이를 분리하여 손톱에 그 무늬를 올려놓는 것을 말한다. 2D 데칼 아트는 무늬가 있는 스티커를 떼어서 붙이는 간편한 아트이다.

포토트랜스 아트

잡지에 나오는 그림이나 사진을 전사하여 손톱에 올리는 아트를 말하며 그려낼 수 없는 독특한 디자인을 표현한다.

14 15
16 17

14
워터데칼 아트

15
2D 데칼 아트

16
포토트랜스 아트

17
댕글 아트

댕글 아트

댕글dangle은 '달랑거린다'는 뜻으로 네일에 활용되는 액세서리이다. 여러 가지 다양한 댕글이 있어 색다른 느낌을 표현할 수 있는 아트기법으로 프리에지 부분에 드릴로 구멍을 만든 다음 달아주는데, 자연 네일보다는 인조 네일에 주로 사용한다. 댕글은 컬러링이나 아트가 완성된 손톱에 포인트로 표현한다.

핸드페인팅 아트

핸드페인팅에 쓰이는 아크릴물감은 사용이 간편하고 회화적 표현부터 도식적 표현까지 표현기법의 범위가 매우 넓고 채색 후 빨리 건조되는 장점이 있다. 이와 같은 아크릴 물감은 특히 플라스틱 재질의 인조 손톱에 활용하는 것이 적합하다.

2D 아트

2D는 2차원적 입체디자인으로 기본적인 꽃무늬부터 회화적인 표현까지 가능하다.

18 19

18
핸드페인팅 아트

19
2D 아트

20 21

20
3D 아트

21
에어브러시

3D 아트

3D는 3차원적 입체 디자인으로 실용성보다는 대회나 작품에 많이 사용된다.

에어브러시

공기 압력을 이용한 물감 분무는 화면 도색 및 섬세한 선의 표현과 매끈한 그러데이션 등에 붓 대신 사용되며 그 효과는 붓에서 생기는 얼룩터치을 남기지 않고 부드러운 음영과 투명감 있는 색조를 만들어 낼 수 있다.

생각해 보기

1. 네일 분야의 취업처에는 어떤 곳이 있는지 알아보자.

2. 네일 아티스트의 직무에 대해 알아보자.

이름	연령	직급
	성별	사업장
1. 직무명	2. 직무	
3. 직무내용 – 내용을 적고 직무 모습을 사진으로 찍어오기		
4. 숍의 특징 – 특징적인 부분을 사진으로 찍어와서 설명하기 (사진이 필요없는 부분은 내용만 적어서 설명하기)		

CHAPTER 14

Introduction to Cosmetology

뷰티코디네이션

뷰티코디네이션의 기본 개념

뷰티코디네이션은 인간의 외모를 꾸미기 위한 헤어 스타일, 메이크업, 그리고 네일아트 등의 뷰티 분야와 의상, 신발, 가방, 모자, 그리고 액세서리 등 패션 분야의 기본 요소로 구성되어 있으며 표현하고자 하는 이미지에 적합하도록 배치하고 조절하여 비로소 완성된다.

코디네이션coordination이라는 용어는 상호, 공동을 뜻하는 'co'와 규칙에 맞게라는 의미의 'ordinate'의 합성어로 이루어졌다. 기본적으로 통합, 조정, 조화롭게 한다는 의미를 갖고 있으며 의상, 장신구 등이 잘 조화될 수 있도록 꾸미는 일을 뜻한다. 패션산업이 발달했던 1960년대 미국에서부터 사용되었는데, 1970년대 산업이 고도화되고 패션의 기능성과 활동성을 강조하는 의복의 캐주얼화가 등장하면서 본격적으로 사용되기 시작하였다.

트렌드의 정의

트렌드trend는 사회 전반적으로 모든 영역에 걸쳐 사용되는 용어로, 과거·현재·미래가 복합적으로 내재되어 있다고 할 수 있다.

트렌드의 사전적인 의미는 기울기, 경향, 추세를 일컬으며, 어원은 라틴어의 '~으로 향함'의 뜻인 'tender'이다. 원래 의미는 물리적인 움직임에 의한 방향, 어떤 방향으로 기울거나 구부러지는 경향이라는 뜻이다.

일반적으로 패션과 관련한 의미의 트렌드는 유행의 변동·경향을 뜻하며, 주로 현재의 유행의 최첨단 또는 다음에 오는 새로운 경향이라는 의미로 사용되다가 21세기에 들어서 다양한 감성의 복합적 요소를 지니는 이미지로 등장하고 있다.

트렌드와 같은 의미로 혼돈되어 쓰이는 유행은 트렌드와는 다른 개념으로 특정 시기나 특정 공간에서 선호되고 있는 사회적 흐름이며, 보통 단기적인 유행을 뜻하는 패드fad에 가까운 의미이다. 트렌드는 유행이라는 개념 안에 포함되어 있지만 앞으로 나아갈 변화의 방향을 제시하는 것으로 미래 지향적이라고 할 수 있다.

뷰티코디네이션의 분야

헤어 스타일 코디네이션

타원형 얼굴

타원형 얼굴은 이상적인 얼굴형으로 어떠한 헤어 스타일도 잘 어울리나 개성이 부족할 수도 있다.

1
타원형 얼굴

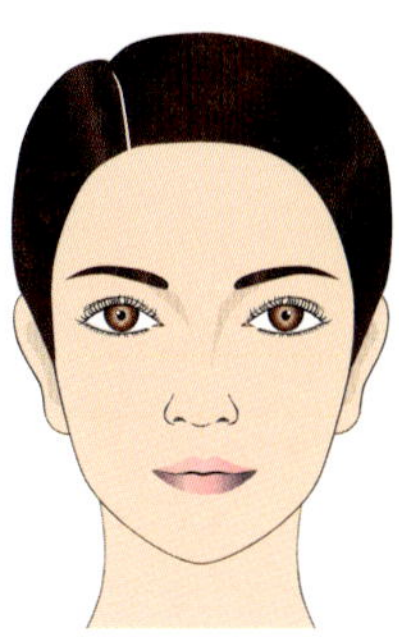

2 3

2
둥근형 얼굴

3
둥근형 얼굴의 헤어 스타일

둥근형 얼굴

둥근형 얼굴은 얼굴 전체를 작아보이게 하는 것이 중요하므로, 커트를 할 때는 타원형의 얼굴에 근접하도록 디자인을 해야 하며, 앞머리의 라인은 사선을 이용한 착시효과를 적용하여 탑을 기점으로 모발길이에 단차를 주고 질감을 강하게 넣어 볼륨감을 형성시키는 것이 효과적이다.

역삼각형 얼굴

역삼각형 얼굴은 이마를 감출 수 있는 길이를 선택하고 질감을 가볍게 해주는 것이 좋다. 또한 컬러의 대비를 이용한 분할로 옆쪽의 턱을 드러내어 얼굴형을 보완해주는 것도 효과적이다. 얼굴형을 명확히 드러내는 헤어 스타일은 금물이며 턱선의 아름다움을 살리면서도 컬과 웨이브로 부드러움을 더하도록 한다.

4 5

4
역삼각형 얼굴

5
역삼각형 얼굴의 헤어 스타일

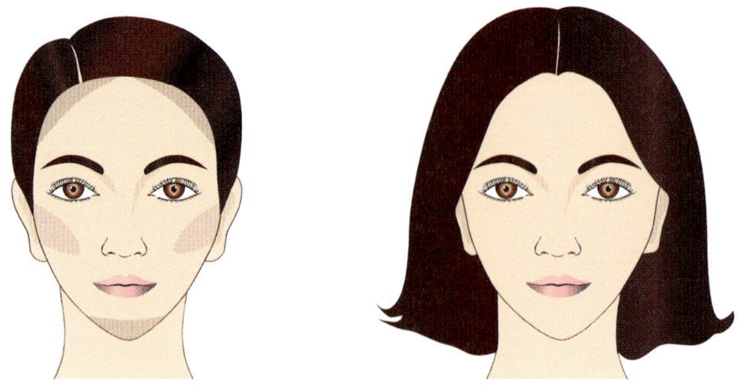

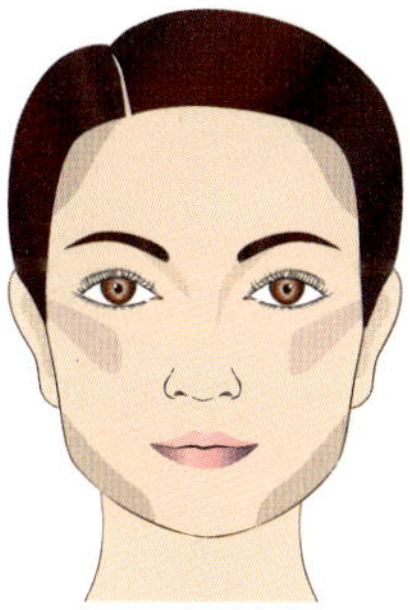

6 7

6
사각형 얼굴

7
사각형 얼굴의 헤어 스타일

사각형 얼굴

사각형 얼굴은 짧은 머리는 피하는 대신 사선을 이용하여 착시효과를 유도하고 비대칭 라인을 강조하여 각진 형태를 완화시키는 것이 좋다. 머리의 흐름은 원칙적으로 안쪽 말이로 하여 턱을 감싸주듯 스타일링하며 바깥쪽으로 삐져나오면 각진 것이 강조되므로 주의한다.

긴 형 얼굴

긴 형 얼굴은 비교적 얼굴 윤곽이 예쁜 편이나 다소 지루해 보이는 인상으로, 볼쪽으로 볼륨을 살려주는 스타일이 좋다. 가장 안전하고 이상적인 헤어 스타일은 단발형으로 앞머리를 잘라서 내려주면 귀여운 이미지를 줄 수 있다.

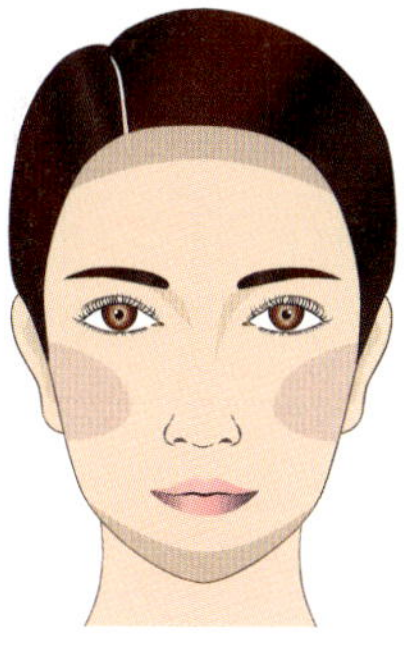

8 9

8
긴 형 얼굴

9
긴 형 얼굴의 헤어 스타일

10 11

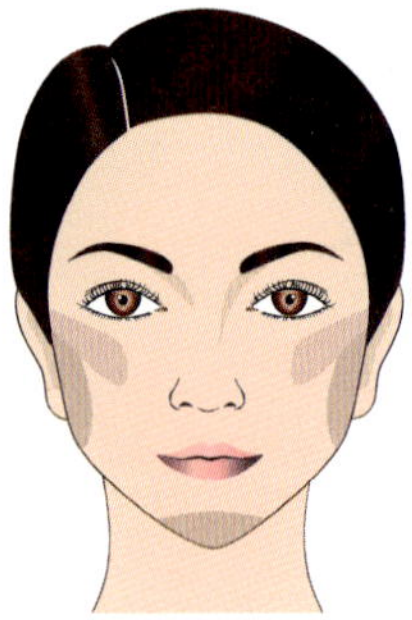

10
다이아몬드형 얼굴

11
다이아몬드형 얼굴의 헤어 스타일

다이아몬드형 얼굴

얼굴 중앙 부분이 넓게 돌출된 형으로 얼굴의 상하부분이 좁다. 이마와 턱 부분을 각각 폭넓게 보이기 위해 이마에 큰 뱅을 만들고 양 볼은 머리카락을 밀착시키며 턱 아랫부분은 얼굴의 바깥쪽을 향한 부드러운 컬을 이용하여 넓게 한다.

메이크업 코디네이션

타원형 얼굴

타원형 얼굴은 특별히 수정할 필요가 없으며, 청순하면서도 여성적인 부드러움을 표현하는 메이크업을 자연스럽고 균형 있게 한다.

둥근형 얼굴

12
둥근형 얼굴의 수정법

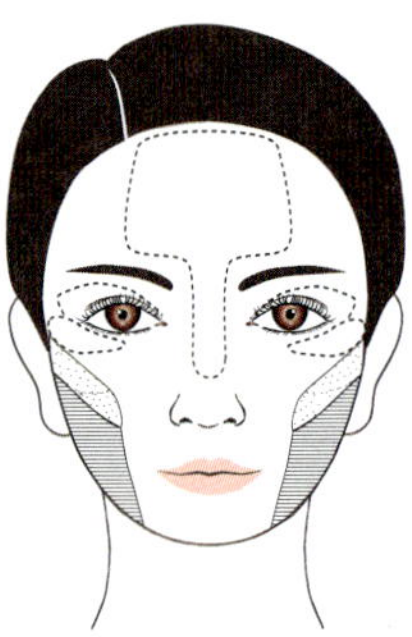

둥근형 얼굴은 볼과 턱선이 풍만하고 이마와 헤어 라인의 경계선도 둥그스름한 귀여운 이미지의 얼굴형으로 통통한 얼굴을 갸름하게 하는 데 중점을 두어 눈 밑을 조금 올리는 느낌으로 메이크업한다. 입 주위, 턱끝, 이마를 세로 모양의 느낌으로 하고 콧등도 길게 하이라이트를 준다. 셰이딩은 얼굴의 길이감을 주기 위해 코 벽을 따라 가늘고 길게, 전체적으로 어두운 섀도를 넣어서 전체 얼굴형이 갸름해 보이도록 한다.

역삼각형 얼굴

역삼각형 얼굴은 이마가 넓고 눈 사이가 멀며 턱선이 좁고 광대뼈가 높으므로 이마의 양쪽과 뾰족한 턱 끝부분에 셰이딩을 하고 턱의 바깥 부분을 풍만해 보이도록 하기 위해 턱 양쪽에 하이라이트용 제품을 바르고 경계가 지지 않도록 한다.

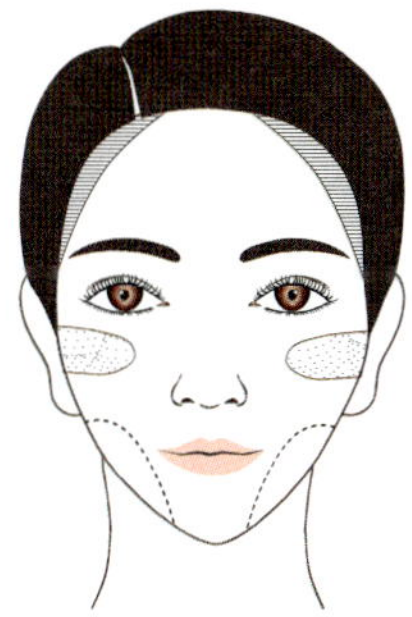

13
역삼각형 얼굴의 수정법

사각형 얼굴

사각형 얼굴은 헤어 라인의 경계선이 직선이고 이마와 턱선이 넓으며 볼의 선도 직선에 가깝다. 전체적으로 얼굴이 둥그스름하게 보이도록 콧등을 비롯한 세로의 길이를 강조하여 하이라이트를 주고, 각진 양턱, 이마 끝부위에 셰이딩을 주어 갸름해 보이도록 한다.

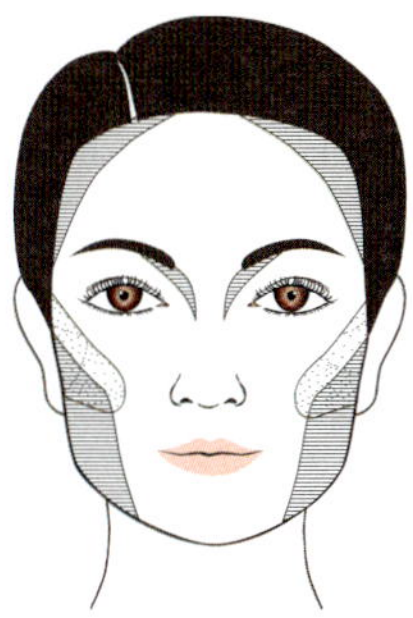

14
사각형 얼굴의 수정법

긴 형 얼굴

긴 얼굴형은 코의 길이가 느껴지지 않도록 콧날은 약간 짧게, 눈 밑은 폭넓게, 이마는 옆으로 다소 길게 바르고, 셰이딩은 코 벽을 따라 짧게, 이마 위와 아래턱을 발라 길이감을 줄인다. 즉 이마와 코끝, 그리고 턱 쪽을 가로 방향으로 어둡게 처리하여 긴 느낌을 감소시켜주고 블러셔도 가로로 길게 넣는다. 눈썹은 일자형에 가깝게 그려서 긴 얼굴이 분할되어 보이도록 한다.

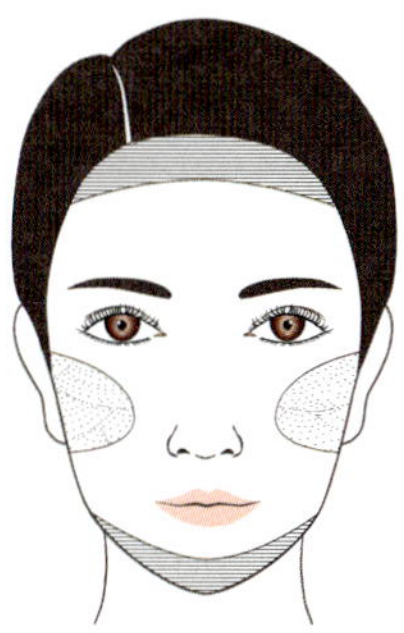

15
긴 형 얼굴의 수정법

다이아몬드형 얼굴

다이아몬드형 얼굴은 이마가 좁고 광대뼈가 높아 두드러

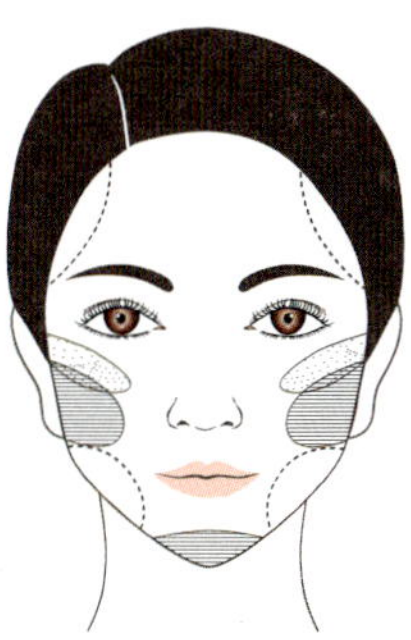

16
다이아몬드형 얼굴의 수정법

져 보이며 턱선이 좁은 경우이다. 이마 중심부분에 하이라이트를 주어 그 부분이 튀어나와 보이게 하고 높은 광대뼈에는 섀도를 넣어 축소되어 보이도록 하며, 뾰족한 턱은 어둡게 처리하여 전체적으로 부드럽게 보이도록 한다.

네일 아트 코디네이션

스퀘어 네일

양쪽 손톱 아래 끝이 90도인 사각 모양으로 샤프하고 인상적인 이미지를 연출하며 활동적인 전문직 직업여성들에게 잘 어울린다. 길이가 너무 길 경우에는 손톱 끝 모서리가 불편할 수 있다.

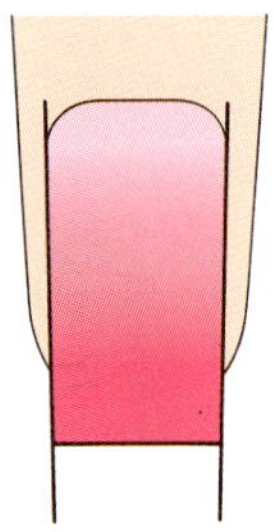

17 18

17
스퀘어 네일 모양

18
스퀘어 네일 아트

스퀘어 오프 네일

스퀘어 모양과 똑같은 방법으로 정리한 다음 양쪽의 모서리만 약간 둥글게 표현한 것이다. 대체적으로 동서양 모든 여성들에게 잘 어울리며 부드러우면서도 세련된 이미지를 연출할 수 있다.

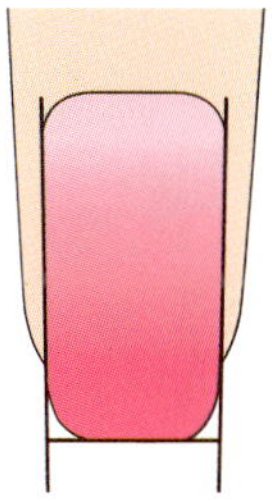

19 20

19
스퀘어 오프네일 모양

20
스퀘어 오프네일 아트

라운드 네일

네일 프리에지 끝부분을 둥글게 표현한 것으로 네일 관리를 처음 시작하는 사람에게 무난하게 권할 수 있는 모양이며 여성에게는 단정한 아름다움을 주고 남성에게는 가장 잘 어울리는 모양이다.

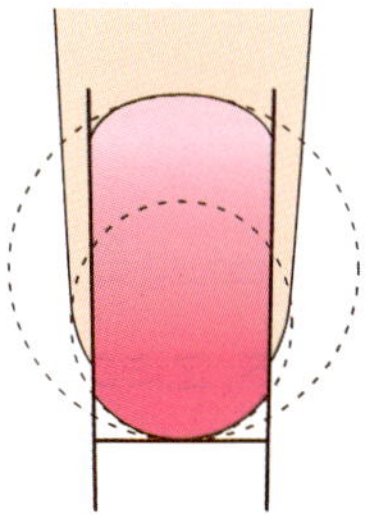

21 22

21
라운드 네일 모양

22
라운드 네일 아트

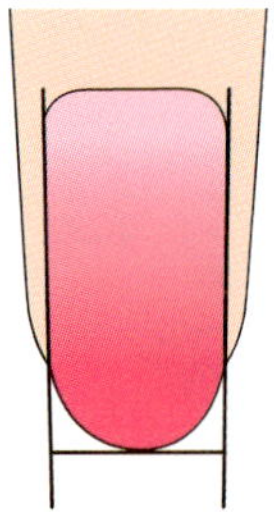

23 24

23
오발 네일 모양

24
오발 네일 아트

오발 네일

달걀형으로 손이 길어 보이며 우아한 아름다움이 매력인 모양으로 사회활동이 많은 여성들이 선호한다.

포인트 네일

네일의 중앙 부분이 뾰족하게 모아지는 모양으로 감각적이고 강한 분위기를 연출할 때 좋다. 손이 길고 가늘어 보이나 뾰족한 부분에 충격이 가해지면 흡수면이 적기 때문에 스트레스 포인트 부분이 부러지기 쉬운 단점이 있다.

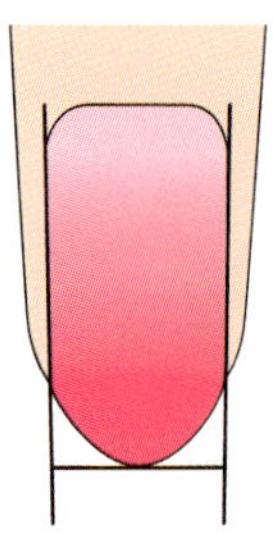

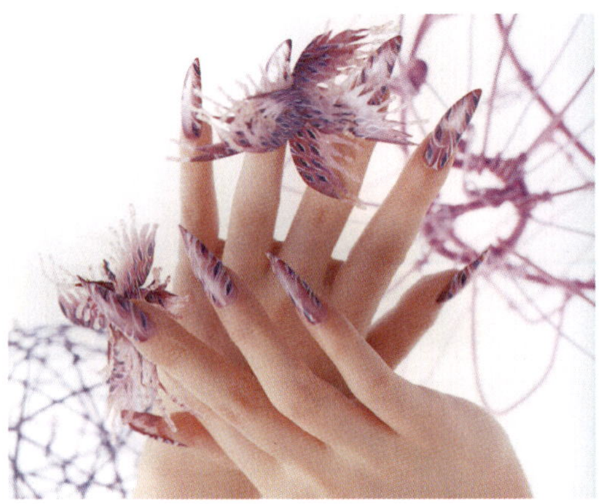

25 26

25
포인트 네일 모양

26
포인트 네일 아트

체형 코디네이션

이상적인 체형

이 몸매는 가슴과 엉덩이 치수가 같거나 비슷하고, 허리는 가슴 및 엉덩이 치수보다 약 25cm가 가늘며 과장된 부분이 없이 균형이 잘 잡혀 있다.

삼각형 체형

전통적인 한국인의 체형으로 허리 위는 작거나 좁아 보이고 허리 아래는 크거나 넓어 보인다. 따라서 허리 위의 부분인 어깨, 소매, 몸통이 넉넉한 점을 특징으로 코디네이션을 하며 치마 또는 바지는 복부, 엉덩이, 넓적다리를 여유 있게 흘러내리고 감싸주는 느슨한 의복을 입도록 한다.

역삼각형 체형

허리선 위는 크고 넓어 보이며, 허리선 아래는 작고 좁아 보인다. 허리 아래를 유연하고 넉넉하게 만들어내도록 하며 상의는 꼭 맞게 하거나 여유 있게 흘러내

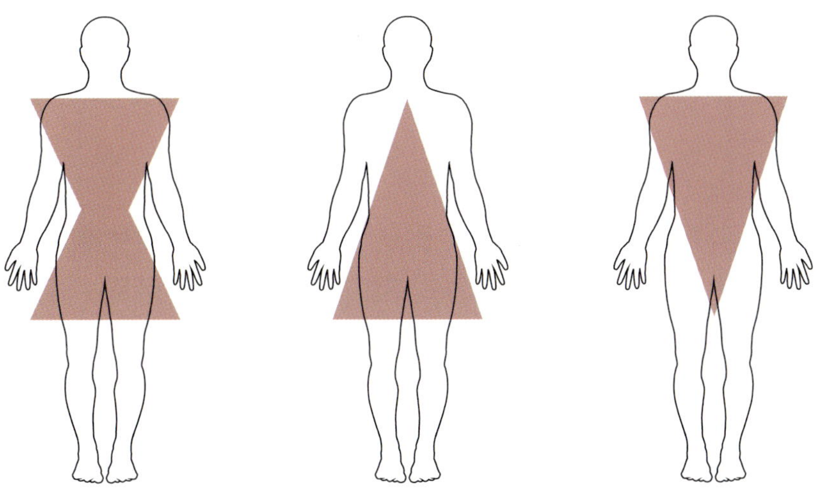

27 28 29

27
이상적인 체형

28
삼각형 체형

29
역삼각형 체형

려 감싸주는 느슨한 의복을 선택한다.

직사각형 체형

어깨, 허리 및 엉덩이가 거의 같은 폭을 가지고 있으며 허리가 들어가 있지 않아서 엉덩이와 비교해볼 때 굵어 보인다. 이 체형은 매우 느긋하거나 또는 부분적으로 몸통, 허리 및 복부를 여유 있게 흘러내리는 스타일이 되도록 한다.

모래시계형 체형

가슴과 엉덩이가 똑같이 넓고 완전히 둥근 것처럼 보이는 반면에 허리는 매우 가늘다. 위아래로 균형이 잡혀 있지만, 매우 가는 허리 때문에 가슴과 엉덩이가 실제보다 더 크게 보여 이상적인 체형이라고 할 수 없다. 이 체형은 볼륨 있는 상반신, 들어간 허리, 넓고 튀어나온 엉덩이 등 전체적으로 글래머형 스타일로 체형의 둥근 형태를 커버하고 길게 보이도록 하며 포인트를 얼굴 쪽에 맞추도록 한다.

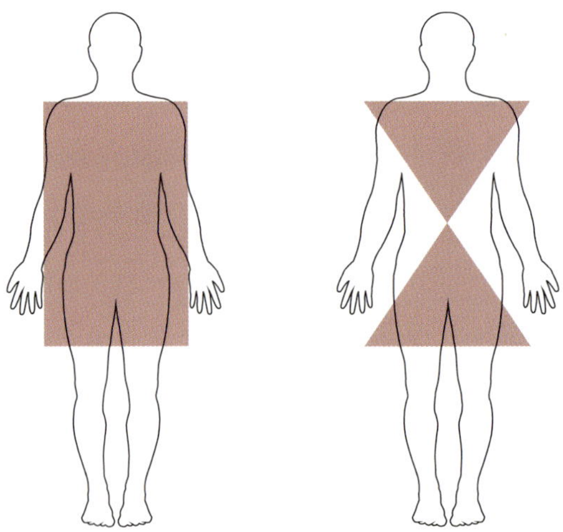

30 31

30
직사각형 체형

31
모래시계형 체형

다이아몬드형 체형

넓은 몸통과 허리, 그리고 비교적 좁은 어깨와 엉덩이로 상징된다. 이 체형은 중앙의 신체 부분의 넓이 또는 체중을 균형잡아 주기 위해, 그리고 넓은 어깨와 엉덩이의 착시를 강조하기 위해 허리 위아래의 넓이 또는 느슨함이 특징인 스타일이 좋으며, 동시에 스타일을 위장하기 위해 매우 여유 있는 스타일로 몸통, 허리, 그리고 복부 등에서 자연스럽게 흘러내려야 한다.

관형 체형

상체와 하체가 일직선이고 체중이 대체로 평균 이하인 마른 체형이다. 이 체형은 신체를 드러내지 말고 여유 있게 흘러내리는 스타일로 연출한다.

둥근 체형

신체 모든 부분이 완전히 둥근 모양을 가진 체형으로 서구인에게서 쉽게 찾아볼 수 있다. 체중은 눈에 띌 정도로 평균 이상이고 상체가 크고 둥글며 전체적

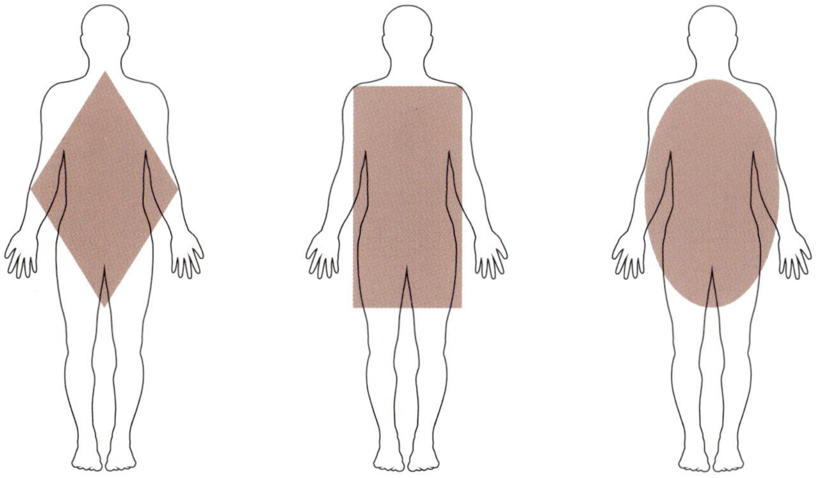

32 33 34

32
다이아몬드형 체형

33
관형 체형

34
둥근 체형

으로 몸에 살이 많은 체형이다. 상반신에 볼륨이 많은 스타일이기 때문에 가능하면 체형을 세로로 보이게 하고 가늘게 보이도록 하여 몸 부분에 시선이 가지 않도록 한다.

35
뷰티코디네이션

생각해 보기

1. 코디네이터 분야의 취업처에는 어떤 곳이 있는지 알아보자.

2. 코디네이터의 직무에 대해 알아보자.

<table>
<tr><td rowspan="2">이름</td><td>연령</td><td>직급</td></tr>
<tr><td>성별</td><td>사업장</td></tr>
<tr><td>1. 직무명</td><td colspan="2">2. 직무</td></tr>
<tr><td colspan="3">3. 직무내용 – 내용을 적고 직무 모습을 사진으로 찍어오기</td></tr>
<tr><td colspan="3">4. 숍의 특징 – 특징적인 부분을 사진으로 찍어와서 설명하기
(사진이 필요없는 부분은 내용만 적어서 설명하기)</td></tr>
</table>

강경화(2000). 현대메이크업총론. APCC Artistic Publishing Company.

강대영(2005). 한국분장예술. 도서출판 지인당.

강수경(2000). 에스테틱 개론. 청구문화사.

강영숙 외(2011). 스펙터큘러 헤어. 예림.

고경숙 외(2010). 미용학개론. 청구문화사.

고재숙 외(2010). 피부과학. 수문사.

고정환(2002). 약손 경락 마사지로 건강미인 만들기. 가림출판사.

권혜영 외(2012). New 피부과학. 메디시언.

권혜영 외(2012). 공중위생관리학. 메디시언.

기우신(2002). 지압 발마사지. 건강신문사.

김공웅(1991). 에어브러쉬. 제2권. 조형사

김광숙 외(2000). 네일케어 & 아트. 고문사.

김기갑 외(2005). 아름다움을 창조하는 피부미용학. 형설출판사.

김기영 외(2012). 미용인을 위한 New 해부생리학. 메디시언.

김동석(2002). 공중보건학. 수문사.

김명숙(2009). 피부관리학. 현문사.

김미선 외(2002). The hair coloring. 예림.

김미원 외(2005). Up nail technique. 도서출판 성화.

김병환 외(2006). 현대공중보건학. 지구문화사.

김선미 외(2013). 아로마테라피 이론 및 실제. 정문각.

김선옥 외(2001). 디지털 경영시대의 미용경영학. 수문사.

김성중 외(2005). 미용 림프 드레니지. 탑메디오피아.

김성중 외(2009). 림프드레나지. 정담미디어.

김수진(2010). 피부미용사. 교학사.

김영인 외(2009). 패션의 색채언어. 교문사.

김옥연 외(2013). New 미용문화사. 메디시언.

김은주 외(2005). 토탈뷰티. 고려원북스.

김은희 외(2012). 베이직 메이크업. 교문사.

김종근(1999). 뷰티살롱고객만족서비스. 리그라인.

김종오 외(2012). 공중보건학. 청구문화사.
김주경 외(2010). 컬러 스토리. 교문사.
김주덕 외(2004). 신화장품학. 동화기술.
김춘득(2002). 동서양 미용문화사. 현문사.
김현영 외(2011). Color color color. 예경.
김효정 외(2012). 뷰티스타일링. 훈민사.
노정애(2005). Hair setting & up style. 훈민사.
노정애 외(2010). 미용학개론. 훈민사.
대한간호학회(1996). 간호학대사전. 한국사전연구사.
대한해부학회(2011). 알기 쉬운 사람해부학. 현문사.
도미니크 파케 저, 지현 역(2005). 화장술의 역사. 시공사.
두산동아백과사전연구소(1997). 두산세계대백과사전. 두산동아.
류은주 외(2003). 모발학 사전. 광문각.
리아오 저, 강성애 역(2008). 서태후의 인간 경영학. 지식여행.
마리오 폴 카사르 저, 백남섭 역(2000). 마사지치료총론. 영문출판사.
박보영(2002). Make up art. 청구문화사.
박소정 외(2008). 뷰티 코디네이션. 훈민사.
박연선(2007). 색채용어사전. 예림.
박천우(2002). 항공승무원자질계발. 백산출판사.
방수진(2001). Make up art. 도서출판 성화.
배영수 외(2005). 미용경영학. 광문각.
배영수 외(2007). 최신 미용경영학. 광문각.
백남섭 외(2013). 스포츠 마사지와 신체교정학. 스포츠북스.
베아트리스 퐁타넬 저, 김보현 역(2004). 치장의 역사. 김영사.
Beauty & Health 연구회(2001). 메이크업 & 스타일 100년사. 현문사.
Beauty & Health 연구회(2001). 美 100년사. 현문사.
브루스 콜버트 저, 강성례 역(2011). New 해부생리학. 메디시언.
손미경(2007). 한국여인의 髮자취. 미디어뷰.
신지현 외(2007). 신미용학개론. 수문사.

안현순 외(2000). 손톱장식의 이론과 실제. 청구문화사.

여상미(2007). 토털 코디네이션. 형설출판사.

여상미(2008). 네일케어 & 아트. 형설출판사.

여상미 외(2009). Color & beauty. 형설출판사.

오지영 외(2008). 최신 헤어컷 이론 및 실습. 광문각.

요하네스 이텐 저, 김수석 역(2002). 색채의 예술. 지구문화사.

유송옥 외(2012). 패션과 문화. 교문사.

윤수용(2008). 신 미용경영학 개론. 훈민사.

이범식 외(2011). 영화 속 미용경영학. 훈민사.

이상근(2001). 헤어컷 디자인. 형설출판사.

이영순 외(2005). 네일관리학. 고문사.

이전숙 외(2009). 현대인의 패션. 교문사.

이태신(2000). 체육학대사전. 민중서관.

이한기 외(2010). 미용인을 위한 해부생리학. 수문사.

임경근(2003). Hair design & illustration. 광문각.

임미애 외(2009). 화장문화사. 신정.

장선일(2005). 미용학개론. 광문각.

장수만 외(2010). 오리지널 두피관리학. 형설출판사.

잭 첼로너 편저, 이사빈 외 역(2010). 죽기 전에 꼭 알아야 할 세상을 바꾼 발명품 1001. 마로니에북스.

전완길(1999). 한국 화장 문화사. 열화당

정기운 외(2009). 성격분장. 광문각.

정매자(2008). Beauty & hair art. 광문각.

정홍숙 외(2005). 현대인과 의상. 교문사.

주금예 외(2012). 동서양 아로마 & 림프관리학. 훈민사.

진선정 외(2001). 미용미학과 미용문화사. 청구문화사.

청구문화사(2012). 미용위생법규. 청구문화사.

최민령 외(2004). 뷰티 메이크업. 예림.

최영진 외(2003). Classic coloring. 청구문화사.

최영희 외(2011). 미용경영학 & CRM. 광문각.

패션전문자료편찬위원회(1997). 패션전문자료대사전. 한국사전연구사.

하루야마 유키오 저, 임희선 역(2004). 화장의 역사. 사람과 책.

하병조 외(2002). 화장품화학. 수문사.

한갑수(1998). 인체해부학. 형설출판사.

한국콘텐츠진흥원(2012). 문화콘텐츠닷컴(문화원형백과 신여성문화).

한영숙 외(2003). 미용 소독 전염병학. 수문사.

허정록 외(2010). 화장품과학. 형설출판사.

홍성균(2001). 경락 피부미용학 개론 1. 도서출판 대학서림.

황병덕 외(2011). 미용인을 위한 공중보건학. 수문사.

Ashelford, J.(1996). The art of dress-clothes and society 1500-1914. The National Trust.

Boucher, F. & Deslandres, Y.(1987). 20,000 years of fashion : the history of costume and personal adornment. expanded ed. Harry N. Abrams.

DK Publishing(2002). Art. DK Publishing.

John Ligget(1974). The Human Face. Stein & Day Pub.

Narendra Mehta(2000). Indian head massage. Thorsons.

Tortora, P. G. & Eubank, K.(2005). Survey of historic costume. 4th ed. Fairchild Pub.

CHAPTER 1

1-1 ⓒ Pataki Márta (위키피디아 🅭🅯🄎)

1-2 ⓒ Jastrow (위키피디아)

1-3 ⓒ 로렌스 앨머 테드머. 카라칼라의 목욕탕. 개인소장

1-4 ⓒ Boucher, F. & Deslandres. Y.(1987). 20000 Years of Fashion : The History of Costume and Personal Adornment(Expanded ed.). Harry N. Abrams, p.204

1-5 ⓒ Nicholas Hilliard (위키피디아)

1-6 ⓒ Tortora. P.G. & Eubank. K.(2005). Survey of Historic Costume(4tb ed). Fairchild Pub., p.27

1-7 ⓒ François Boucher (위키피디아)

1-8 ⓒ 정흥숙(1997). 서양복식문화사. 교문사, p.267

1-9 ⓒ Creme Simon (위키피디아)

1-10 ⓒ Louis Calvete (위키피디아 🅭🅯🄎)

1-11~12 ⓒ 셔터스톡

1-13 ⓒ MiikaS (플리커 🅭🅯🄎)

1-14~16 ⓒ 셔터스톡

1-17 ⓒ 국립중앙박물관

1-19 ⓒ 손미경(2007). 한국여인의 髮자취. 미디어뷰, p.95

1-20 ⓒ 염립본 (위키피디아)

1-22 ⓒ 작가미상(조선시대). 평생도팔곡병(平生圖八曲屛). 고려대학교 박물관

1-23 ⓒ 작가미상(조선시대). 회혼례화첩. 국립중앙박물관

1-24 ⓒ 윤고려 (위키피디아)

1-25 ⓒ 위키피디아

1-26~28 ⓒ 셔터스톡

CHAPTER 2

2-1 ⓒ 부산여자대학교 미용과

CHAPTER 3

3-1 ⓒ 이한기 외(2010). 미용인을 위한 해부생리학. 수문사, p.57

3-2 ⓒ 여상미

3-3 ⓒ 고재숙(2010). 피부과학. 수문사, p.13

3-4 ⓒ 고재숙(2010). 피부과학. 수문사, p.28

3-5 ⓒ 권혜영(2012). NEW 피부과학. 메디시언, p.26

CHAPTER 4

4-1~2 ⓒ 김주경 외(2010). 컬러스토리. 교문사, p.47

4-3 ⓒ (재)한국색채연구소 編(2003). 색채II, p.4(下)

4-4 ⓒ 박영순, 이현주(2012). 색채와 디자인. 교문사, p.14

4-5 ⓒ (재)한국색채연구소 編(2003). 색채II, p.6(上)

4-6 ⓒ 박영순, 이현주(2012). 색채와 디자인. 교문사, p.89

4-7 ⓒ 박영순, 이현주(2012). 색채와 디자인. 교문사, p.23

4-8 ⓒ 옹기민족박물관
이영자(2010). 오색빛깔 단청, 연두와 파랑, p.157

4-9 ⓒ 박영순, 이현주(2012). 색채와 디자인. 교문사, p.24

4-11 ⓒ 박영순, 이현주(2012). 색채와 디자인. 교문사, p.32

4-12 ⓒ 셔터스톡

4-13 ⓒ 박영순, 이현주(2012). 색채와 디자인. 교문사, p.29

4-14 ⓒ 얀 반 에이크. 재상 니콜라 롤랭의 성모 (위키피디아)

4-15 ⓒ 박영순, 이현주(2012). 색채와 디자인. 교문사, p.34

4-16 ⓒ 대 페테르 브뢰겔. 추락하는 이카루스가 있는 풍경 (위키피디아)

4-17 ⓒ 박영순, 이현주(2012). 색채와 디자인. 교문사, p.7

4-18 ⓒ 성세바(Sever) 묵시록(11세기). 파리 국립도서관

4-19 ⓒ 박영순, 이현주(2012). 색채와 디자인. 교문사, p.28

4-20 ⓒ Eusebiu (위키피디아)

4-21 ⓒ 셔터스톡

4-22 ⓒ 김주경 외(2010). Color Story. 교문사, p.25

4-23 ⓒ Church of emacs (위키피디아 ⓒⓘⓞ)
ⓒ OlkhichaAppa (위키피디아 ⓒⓘⓞ)
ⓒ Kok Leng Yeo (위키피디아 ⓒⓘ)
ⓒ Hwayoungjung (위키피디아 ⓒⓘⓞ)
ⓒ [Puamelia] (플리커 ⓒⓘⓞ)

ⓒ Stu_spivack (위키피디아 🅭🅯🄏)

4-24 ⓒ (재)한국색채연구소 編(2003). 색채Ⅰ, p.18

4-25 ⓒ (재)한국색채연구소 編(2003). 색채Ⅰ, p.19

4-26 ⓒ 셔터스톡

4-27 ⓒ 위키피디아

CHAPTER 5

5-1 ⓒ 머스테브

5-2 ⓒ 메이크업포에버

5-3 ⓒ 메이크업포에버, 애리조

5-4 ⓒ 애리조

5-5 ⓒ 화미주

5-6 ⓒ 제라드

CHAPTER 6

6-1 ⓒ Shakko (위키피디아 🅭🅯🄏)

6-2 ⓒ 이강이 외(2012). 인체생리학. 현문사, p.19

6-3 ⓒ 강성례 외(2011). NEW 해부생리학. 메디시언, p.81

6-4 ⓒ 강성례 외(2011). NEW 해부생리학. 메디시언, p.82

6-5 ⓒ 대한해부학회(2011). 알기 쉬운 사람해부학, 현문사, p.365

6-6 ⓒ 이강이 외(2012). 인체생리학. 현문사, p.174

6-7 ⓒ 이강이 외(2012). 인체생리학. 현문사, p.197

6-8 ⓒ 대한해부학회(2011). 알기 쉬운 사람해부학. 현문사, p.462

6-9 ⓒ 강성례 외(2011). NEW 해부생리학. 메디시언, p.299

6-10 ⓒ 이강이 외(2012). 인체생리학. 현문사, p.99

6-11 ⓒ 대한해부학회(2011). 알기 쉬운 사람해부학. 현문사, p.324

6-12 ⓒ 이한기 외(2010). 미용인을 위한 해부생리학. 수문사, p.257

6-13 ⓒ 이강이 외(2012). 인체생리학. 현문사, p.446

6-14 ⓒ 이강이 외(2012). 인체생리학. 현문사, p.451

6-15 ⓒ 이강이 외(2012). 인체생리학. 현문사, p.451

6-16 ⓒ 이한기 외(2010). 미용인을 위한 해부생리학. 수문사, p.286

CHAPTER 10

10-1 ⓒ 셔터스톡

10-2 ⓒ 이원경(1998). 모발미용학. 청구문화사, p.46

10-3 ⓒ 니키 포프 저, 김세욱 외 역(2011). 헤어케어 & 스타일링. 도서출판 예림, p.11

10-4 ⓒ 고경숙 외(2010). 미용학개론. 청구문화사, p.45

10-5~6 ⓒ 셔터스톡

10-7~13 ⓒ 여상미

10-14 ⓒ 니키 포프 저, 김세욱 외 역(2011). 헤어케어 & 스타일링. 도서출판 예림, p.66

10-15 ⓒ 니키 포프 저, 김세욱 외 역(2011). 헤어케어 & 스타일링. 도서출판 예림, p.59

10-16 ⓒ 니키 포프 저, 김세욱 외 역(2011). 헤어케어 & 스타일링. 도서출판 예림, p.58

10-17 ⓒ 니키 포프 저, 김세욱 외 역(2011). 헤어케어 & 스타일링. 도서출판 예림, p.56

10-18 ⓒ 셔터스톡

10-19 ⓒ 니키 포프 저, 김세욱 외 역(2011). 헤어케어 & 스타일링. 도서출판 예림, p.48

10-20, 26, 28 ⓒ 셔터스톡

CHAPTER 11

11-2~3 ⓒ 셔터스톡

11-4 ⓒ 여상미

11-7~8 ⓒ 셔터스톡

11-9 ⓒ 김귀정 외(2007). 미용경락. 수문사, p.229

11-10 ⓒ 주금예 외(2012). 동서양 아로마 & 림프관리학. 훈민사, p.150

11-11 ⓒ 김광옥 외(2004). 림프드레니쥐 & 아로마. 도서출판 성화, p.75

11-12 ⓒ 셔터스톡

11-13 ⓒ 니타 라크루아 저, 곽은정 역(2006). Total Body Massage. 성안당, p.63

CHAPTER 12

12-1 ⓒ 셔터스톡

12-2 ⓒ 위키피디아

12-3 ⓒ Bourjois

12-5 ⓒ 김홍도(1745). 화장하는 여인. 서울대학교 박물관

12-6 ⓒ 셔터스톡

12-7 ⓒ 여상미

12-8~21 ⓒ 셔터스톡

CHAPTER 13

13-1 ⓒ 셔터스톡

13-2 ⓒ 위키피디아

13-3 ⓒ 셔터스톡

13-4~10 ⓒ 여상미

13-11 ⓒ 여상미(2008). 네일케어 & 아트, 형설출판사, p.203(9-16)

13-12~13 ⓒ 여상미

13-14 ⓒ 여상미(2008). 네일케어 & 아트. 형설출판사, p.213

13-15 ⓒ 여상미(2008). 네일케어 & 아트. 형설출판사, p.217

13-16 ⓒ 여상미(2008). 네일케어 & 아트. 형설출판사, p.220

13-17~19 ⓒ 여상미

13-20 ⓒ 김미원

봉숭아 손톱(2005). BongSoongA Sontop fly to the sky. 4th. 봉숭아 손톱, p.208

13-21 ⓒ 최선미

봉숭아 손톱(2005). BongSoongA Sontop fly to the sky. 4th. 봉숭아 손톱, p.238

CHAPTER 14

14-1~17 ⓒ 여상미

14-18 ⓒ 김미원

봉숭아 손톱(2005). BongSoongA Sontop fly to the sky. 4th. 봉숭아 손톱, p.134

14-19 ⓒ 여상미

14-20 ⓒ 셔터스톡

14-21 ⓒ 여상미

14-22 ⓒ 셔터스톡

14-23 ⓒ 여상미

14-24 ⓒ (사)한국네일지식서비스협회(2011). Korea Nail Salon Trend Ⅱ. (사)한국네일지식서비스협회, p.129

14-25 ⓒ 여상미

14-26 ⓒ 이신혜

봉숭아 손톱(2005). BongSoongA Sontop fly to the sky. 4th. 봉숭아 손톱. p.224

14-27~28 ⓒ 여상미(2007). Total Coordination. 형설출판사, p.117

14-29 ⓒ 여상미(2007). Total Coordination. 형설출판사, p.118

14-30 ⓒ 여상미(2007). Total Coordination. 형설출판사, p.119

14-31 ⓒ 여상미(2007). Total Coordination. 형설출판사, p.121

14-32 ⓒ 여상미(2007). Total Coordination. 형설출판사, p.122

14-33 ⓒ 여상미(2007). Total Coordination. 형설출판사, p.123

14-34 ⓒ 여상미(2007). Total Coordination. 형설출판사, p.124

14-35 ⓒ 셔터스톡

ㄹ

ㅁ

ㅂ

ㅅ

ㅇ

ㅈ

ㅎ

저자 소개

여상미

연세대학교 가정대학 의생활학과(이학사)
경성대학교 대학원 의상학전공(이학석사)
경성대학교 대학원 의상학전공(이학박사)
현재 부산여자대학교 미용과 학과장
한국네일예술학회 회장

미용학개론

2013년 12월 23일 초판 인쇄 | 2013년 12월 30일 초판 발행

지은이 여상미 | **펴낸이** 류제동 | **펴낸곳** ㈜교문사

전무이사 양계성 | **편집부장** 모은영 | **책임편집** 손선일 | **디자인** 신나리
본문편집 이연순 | **제작** 김선형 | **홍보** 김미선 | **영업** 이진석·정용섭·송기윤
출력 현대미디어 | **인쇄** 동화인쇄 | **제본** 한진제본

주소 413-756 경기도 파주시 교하읍 문발리 출판문화정보산업단지 536-2
전화 031-955-6111(代) | **팩스** 031-955-0955 | **등록** 1960. 10. 28. 제406-2006-000035호
홈페이지 www.kyomunsa.co.kr | **E-mail** webmaster@kyomunsa.co.kr

ISBN 978-89-363-1381-4(93590) | **값** 22,000원